Gaudí, un genio precursor de los Objetivos de Desarrollo Sostenible, con un siglo de antelación

Gaudí, un genio precursor de los Objetivos de Desarrollo Sostenible, con un siglo de antelación

Carlos Salas Mirat
Javier Franco Alegre

Gaudí, un genio precursor de los Objetivos de Desarrollo Sostenible, con un siglo de antelación

Primera edición: 2026

ISBN: 9791387985103
ISBN eBook: 9791387985592
Depósito legal: SE 3781-2025

© de los textos:
   Carlos Salas Mirat, Javier Franco Alegre

© de esta edición:
   Editorial Aula Magna, 2025. McGraw-Hill Interamericana de España S.L.
   editorialaulamagna.com
   info@editorialaulamagna.com

Impreso en España – Printed in Spain

A Gaudí, genio universal de la arquitectura y el arte, y a todos los que le admiran.

Índice

Prólogo

Este libro entra en detalles muy interesantes que aclaran cómo Gaudí se adelantó a cuestiones que en nuestra época constituyen los objetivos más importantes a solucionar de la humanidad: pobreza, hambre, salud, educación, etc.

Gaudí se anticipó a muchas cosas: adelantándose al Papa Francisco que deseaba una Iglesia en salida, una Iglesia que saliera de los templos para evangelizar; Gaudí saca los retablos al exterior para realizar esa misión con los transeúntes; se adelanta también a la sostenibilidad en muchas de sus obras: las torres de la Sagrada Familia, por ejemplo, las remata con cerámicas coloreadas y troceadas con la técnica del trencadís, el material puede ser de desecho, valiendo para ello trozos cerámicos o de botella de distintas coloraciones; hablando de los Novísimos (muerte, juicio infierno y gloria), Gaudí pensaba describir el infierno con unos seres monstruosos esculpidos y situados bajo la plataforma que se colocará sobre la calle Mallorca, aunque, según decía él, no hay ser más monstruoso que aquel que va en contra de su naturaleza. Insisto, se adelantó a todo.

En Gaudí las palabras «razón, fe y belleza» van muy unidas, es un hombre inteligente, creyente y admirador de la belleza. Todo es providencial en Antonio Gaudí, hasta sus apellidos: Gaudí por parte del padre y Cornet por parte de la madre. Es muy curioso el significado de esos apellidos del catalán: Gaudí significa «gozo» y Cornet «corazón limpio». El gozo interior y la limpieza de corazón que se necesitan para contemplar y reproducir la creación como Dios mismo la hizo de la nada. También es providencial en Gaudí sus enfermedades reumáticas que desde pequeño sufría y que le obligaban a contemplar la naturaleza sentado en el suelo o a lomos de un borrico en el «Mas de la Calderera», una finca rural que poseían sus padres, de allí saldrían muchas de las formas de su arquitectura. De mayor, esta enfermedad le llevó casi hasta la muerte con unos dolores insoportables; cuando se repuso en Puigcerdá, estaba convencido de que el Señor le concedió aquel sufrimiento para hacerle presente los de Jesucristo en la cruz y poder diseñar con realismo la fachada de la Pasión que dibujó con un carboncillo en cuanto sintió la mejoría. También fue providencial el hecho de que no fuera correspondido por las mujeres de las que se enamoró, pues de haberse casado, no habría podido dedicar tanto tiempo a la obra de la Sagrada Familia. Y es interesante la situación inicial del solar del templo muy a las afueras de Barcelona. Curiosamente ese solar se encuentra hoy en el centro de gravedad de la ciudad, equidistante entre el mar y la montaña, entre las desembocaduras de los ríos Besos y Llobregat, al englobar la ciudad en su crecimiento, localidades que antes estaban en sus afueras, una «casualidad» realmente providencial. Podríamos decir que fue Barcelona la que fue acercándose hacia el templo de la Sagrada Familia.

La cripta del templo lo comienza otro arquitecto, Francisco de Paula del Villar. Gaudí lo completa elevando su altura para darle mayor realce y para permitir la iluminación y ventilación exterior. También manda excavar un foso a su alrededor para incrementar su iluminación y para permitir su ventilación y evitar humedades. La iluminación y ventilación natural ahorran mucha energía y son sanas. No es cuestión baladí que Gaudí le confiriera una importancia capital a la celebración de la Eucaristía, en una capilla dedicada a San José que quiso colocar en la cripta tan pronto como aquella estuviera concluida.

Gaudí cincela la luz y juega misteriosamente con ella, apagándola con materiales oscuros o encendiéndola con materiales luminosos. Él decía: «La arquitectura es la ordenación de la luz». Las vidrieras de la zona oriental del Templo, por donde nace el sol, que deberían ser más cálidas, tienen en cambio tonos fríos. Las vidrieras de poniente por donde el sol muere, que deberían ser más mortecinas, son en cambio de tonos cálidos. De esta manera, Gaudí busca compensar la intensidad luminosa exterior y conseguir así un equilibrio en el interior, una genialidad más del maestro. Esto mismo lo realizó anteriormente en el interior del patio de la casa Batlló, como se dice en este libro. Gaudí coloca las cerámicas más oscuras en la parte superior del patio, donde hay más luminosidad, y las más claras en la parte inferior, donde aquella decae, consiguiendo de esta manera un equilibrio luminoso. Para Gaudí, la luz es lo importante.

El Claustro de la Sagrada Familia circunvala el Templo, entre el edificio y el perímetro porticado, definiendo así un espacio irregular, entre el exterior y el interior, que al tiempo que aísla el templo del ruido exterior, permite contemplarlo en detalle mientras se pasea en oración, función esencial de este lugar. El Claustro tiene un contenido radicalmente mariano. En el extremo Norte del Claustro Gaudí dispuso la capilla de la Asunción, que se llevará a cabo cuando se lleve a cabo en Rancagua (Chile), por la que también se podrá entrar al templo aparte de las otras tres entradas de naciente, poniente y mediodía. Los que se sientan indignos de entrar en el templo por sus pecados inconfesables entrarán sin temor por esta puerta gracias a la acogida maternal de María (a Jesús por María), una madre lo perdona todo, y ella es madre de toda la humanidad.

Como se dice en este libro, los obreros respetaban a Gaudí profundamente, porque estaba muy pendiente de su salud, de su economía, de la educación de sus hijos y de todos sus problemas. Por esa razón, no es extraño que mientras se quemaban iglesias medievales por el odio irracional en la semana trágica de Barcelona en 1909 y en la guerra civil española, esos mismos enemigos dejaron crecer el nuevo templo que se libró del furor incendiario de aquella muchedumbre enloquecida, por el agradecimiento que sentían por el arquitecto todos los obreros.

Siempre se ha dicho que en la muerte se acaba conociendo a las personas. La forma en que muere una persona demuestra su auténtica valía. En ese momento decisivo de la existencia se ve realmente si la experiencia acumulada es realmente valiosa, si la vida ha cumplido en él su objetivo. Gaudí, en la madurez de su vida, había pedido al Señor abandonar este mundo como un pobre, cosa que Dios le concedió al ser arrollado por un tranvía. El arquitecto solía decir: «Contemplando a Jesucristo no me importa parecer pobre, Él sí se hizo pobre de verdad por nuestro amor». Gaudí cuidaba de su ropa, él mismo la doblaba y cepillaba, no permitía que nadie se la planchara ni que le repasaran los descosidos, poniendo él los imperdibles cuando aquella se rompía. Llevaba el mismo traje y sombrero que con el tiempo iban perdiendo el color inicial. No le gustaba comprar ropa nueva, prefería ponerse ropa usada. Al ver aquella ropa tan gastada y al ir indocumentado, le llevaron al hospital de la Santa Cruz, el hospital de los pobres, donde murió cumpliéndose este deseo.

Enrique Francisco Solana de Quesada
Presidente de honor del CENTRO GAUDÍ MADRID

Introdución

El 14 de abril de 2025 el Papa Francisco ratificó el decreto que reconoce que Antoni Gaudí vivió las virtudes en grado heroico, por tanto, Gaudí es Venerable. Si se reconoce un milagro atribuible a su intercesión sería declarado beato.

Treinta y tres años antes, el sacerdote Mn Ignasi Segarra i Bañeres, predicando en Riudoms el 17 de abril, Viernes Santo de 1992, tuvo la inspiración de fundar una Asociación probeatificación de Antoni Gaudí y así se hizo el 10 de junio de 1992, de la que, desde entonces, soy su presidente.

¿Y cuáles han sido las virtudes de Gaudí? Resaltaría la humildad; hombre de carácter fuerte, trabajador, enamorado de su profesión, de Dios y de todo lo creado, sintiéndose un colaborador, hombre de misericordia que supo «reconocer, contemplar y servir», ocupado en sus deberes familiares, sociales y profesionales. Que se enfrentó a la adversidad y buscó las prácticas religiosas para ganar las batallas de la vida. Confiado en la Providencia divina y que procuró utilizar los dones recibidos de Dios.

Decía Gaudí:

> cada uno utiliza el don que Dios le ha dado. Su realización es la máxima perfección social. El que construye y tiene que hacer cosas, que no critique las obras de los otros ni defienda las suyas, sino que haga y dirija la crítica contra sus propias obras para depurarlas y mejorarlas.

Como consecuencia de mi dedicación durante tantos años a la difusión de Gaudí, conocí a los autores de este libro, Carlos Salas y Javier Franco, que contactaron conmigo por sus trabajos de investigación y difusión, y su admiración al arquitecto, hombre y cristiano, Antonio Gaudí.

Desde el primer momento se estableció una relación de amistad basada en que los tres somos arquitectos y, fundamentalmente, en descubrir, valorar y resaltar **lo esencial** en la vida y obra de Gaudí, más allá de los aspectos, como muy bien lo definió Josep F. Ràfols:

«Gaudí visto desde fuera de la Fe, quedará siempre incomprensible. Será tal vez un aspecto de su obra lo que el incrédulo ame, pero no amará su síntesis» (Josep F. Ràfols i Fontanals (1889-1965) arquitecto, pintor e historiador del arte. Discípulo y primer biógrafo de Gaudí).

En mayo de 1952, centenario del nacimiento de Gaudí, se fundó en Barcelona la Asociación Amics de Gaudí, de la que he sido primero secretario y después vicepresidente desde 2007 hasta 2014, y se proclamó un manifiesto en el que se dice:

> Con esta triple finalidad concreta y para exhortarlos a colaborar voluntariamente con su adhesión, lanzamos este llamamiento a todos aquéllos que vibren por uno u otro de los tres grandes ideales a los cuales Gaudí consagró su vida: el arte como manifestación de la persona humana; el arte como afirmación de una colectividad, y el arte como plegaria cristiana. Y los animamos a que desde cualquier país de donde sean o se encuentren, quieran sumarse a nosotros en el homenaje a la personalidad y a la obra de Gaudí.

En el libro de Carlos y Javier descubrimos estos mismos ideales a los que Gaudí consagró su vida, teniendo en cuenta los diecisiete objetivos de la Agenda 2030.

Es un estudio profundo de dos arquitectos que han investigado las obras de Gaudí relacionándolas con los objetivos de desarrollo sostenible propuestos por la ONU, resaltando eliminar la pobreza, la dignidad del trabajo y la justicia social, la salud y el bienestar, la educación, el agua, etc., y especialmente los valores éticos, estéticos y científicos, para conseguir el bien común, la belleza.

Gaudí, desde el primer momento, trabajó para sus clientes, particulares e instituciones o administraciones civiles (mobiliario urbano, viviendas, urbanizaciones, parques, etc.), y para sus clientes eclesiásticos (Sagrada Familia, Teresianas, Astorga, Mallorca, etc.), poniendo toda su sabiduría y dones en sus proyectos, teniendo en cuenta que «para hacer las cosas bien, cabe, primero, amor por ellas; segundo, la técnica».

En este camino trazado por la ONU para alcanzar los objetivos de la Agenda 2023, Gaudí es un modelo para seguir, un maestro que nos enseña y destacaría:

- El trabajo bien hecho, «fruto de la colaboración y tiene que basarse en el amor...».
- La misericordia: «la caridad actúa sobre una necesidad; si no hay necesidad, no puede haber caridad. Por eso, cuando uno ha de menester un consejo hay que dárselo, aunque no lo pida; es frecuente que el que lo necesita no lo pida, pero la Iglesia dice; "dad consejo al que lo necesita" y no "dad consejo al que lo pida"». Escuelas para los niños en la Sagrada Familia y jardín realizado por enfermos del hospital psiquiátrico de Sant Boi de Llobregat).
- La naturaleza, «todo sale del gran libro de la naturaleza. Este árbol cercano a mi obrador: este es mi maestro».
- El uso de materiales, «cuando el edificio tiene simplemente lo que necesita con los medios disponibles, tiene carácter, o tiene dignidad, que es lo mismo».
- La belleza, «la belleza es el resplandor de la verdad. Como el arte es Belleza, sin Verdad no hay arte. Para encontrar la verdad tienen que conocerse bien los seres de la creación».
- La acción social, Gaudí propugnaba el mejoramiento social mediante el arte, la cultura y el buen nivel económico, para promociones la llamada acción social: «todo lo que no sea elevar individualmente a la gente, y en todos los órdenes, es pura ha-

bladuría. No creo en las masas ni en la intervención sobre ellas como tales, pero sí en la acción individual».

Carlos y Javier, además, están comprometidos en difundir la vida y obra de Gaudí a través de sus circunstancias personales y a través del Centro Gaudí Madrid del que forman parte en su Junta directiva. Además de las conferencias, conciertos, artículos, exposiciones, premios, etc., este libro quiere contribuir a conseguir esos objetivos de la Agenda 2030 a través de lo esencial en la vida y obra de Gaudí, y que serán una realidad si tú y yo, en libertad, nos esforzamos en vivirlos y/o difundirlos.

Con palabras de Benedicto XVI:

> Gaudí hizo algo que es una de las tareas más importantes hoy: superar la escisión entre conciencia humana y conciencia cristiana, entre existencia en este mundo temporal y apertura a una vida eterna, entre belleza de las cosas y Dios como Belleza. Esto lo realizó Antoni Gaudí no con palabras sino con piedras, trazos, planos y cumbres. Y es que la belleza es la gran necesidad del hombre; es la raíz de la que brota el tronco de nuestra paz y los frutos de nuestra esperanza.

La belleza es también reveladora de Dios porque, como Él, la obra bella es pura gratuidad, invita a la libertad y arranca del egoísmo. (*)

Mi felicitación a Carlos Salas y a Javier Franco por este trabajo profundo con Gaudí como precursor y maestro para el desarrollo sostenible, como ejemplo para conseguir los objetivos marcados por la ONU a través de la Agenda 2030.

La declaración de Gaudí Venerable, la previsión de su beatificación en 2026, los avances recientes, los estudios realizados y las esperanzas que suscitan sus obras, especialmente la de la Sagrada Familia, nos alegran y me hace pensar que, por encima del criterio de los arquitectos, escultores, clérigos, políticos, agentes sociales, lo más importante es:

Recordar, sobre todo, al que fue alma y artífice de este proyecto: a Antoni Gaudí, arquitecto genial y cristiano consecuente, con la antorcha de su fe ardiendo hasta el término de su vida, vivida en dignidad y austeridad absoluta... **Él mismo, abriendo así su espíritu a Dios ha sido capaz de crear en esta ciudad un espacio de belleza, de fe y de esperanza, que lleva al hombre al encuentro con quien es la Verdad y la Belleza misma.** (*) Benedicto XVI, Homilía en la consagración del Templo expiatorio de la Sagrada Familia de Barcelona, 7 de noviembre de 2010.

José Manuel Almuzara
Arquitecto. Gaudinólogo

Presidente de la Asociación pro beatificación de Antoni Gaudí, desde 1992.

Secretario y vicepresidente de la asociación Amigos de Gaudí, de 2007 a 2015.

Embajador del Proyecto de Gaudí para Rancagua (Chile), desde 2016.

Vocal de la Junta directiva del Centro Gaudí Madrid, de 2011 a 2024.

Colaborador de The Gaudí Research Institute TGRI sito en la Colonia Güell, desde 2014.

Presentación de los ODS

En septiembre de 2015, la ONU aprobó la Agenda 2030 sobre el Desarrollo Sostenible, una oportunidad para que los países y sus sociedades emprendieran un nuevo camino con el que mejorar la vida de todas las personas, sin dejar a nadie atrás. La Agenda cuenta con 17 Objetivos de Desarrollo Sostenible, que establecen que la erradicación de la pobreza debe ir de la mano de estrategias que fomenten el crecimiento económico y aborden una serie de necesidades sociales como la educación, la sanidad, la protección social y las perspectivas de empleo, al tiempo que se combate el cambio climático y se protege el medio ambiente. Los 17 ODS son:

1. Fin de la pobreza.
2. Hambre cero.
3. Salud y bienestar.
4. Educación de calidad.
5. Igualdad de género.
6. Agua limpia y saneamiento.
7. Energía asequible y no contaminante.
8. Trabajo decente y crecimiento económico.
9. Industria, innovación e infraestructura.
10. Reducción de las desigualdades.
11. Ciudades y comunidades sostenibles.
12. Producción y consumo responsables.
13. Acción por el clima.
14. Vida submarina.

15. Vida de ecosistemas terrestres.

16. Paz, justicia e instituciones sólidas.

17. Alianzas para lograr los objetivos.

Antonio Gaudí, genio precursor en materia de Sostenibilidad con 100 años de antelación, también fue precursor de los Objetivos de Desarrollo Sostenible como se explica en este libro.

En septiembre de 2025 se cumplen 10 AÑOS de la resolución de los estados miembros de la ONU y, por tanto, 10 AÑOS del lanzamiento de los ODS. Es el momento oportuno de hablar de ello. También, en 2026, se cumplen 100 AÑOS desde la muerte de Antonio Gaudí y serán muchos los actos de celebración de este aniversario.

Agenda 2030 para el Desarrollo Sostenible

La Asamblea General de la ONU, en sesión del 25 de septiembre de 2015, adoptó la Agenda 2030 para el Desarrollo Sostenible. Se trata de un plan de acción a favor de las personas, el planeta y la prosperidad, que también tiene la intención de fortalecer la paz universal y el acceso a la justicia.

En la resolución que aprobaron los estados miembros de la Naciones Unidas, reconocen que el mayor desafío del mundo actual es la erradicación de la pobreza y afirman que sin lograrla no puede haber desarrollo sostenible. La Agenda plantea 17 Objetivos con 169 metas de carácter integrado e indivisible que abarcan las esferas económica, social y ambiental.

Esta nueva estrategia pretende regir los programas de desarrollo mundiales durante los 15 años siguientes a la resolución para que, en el 2030, habiendo implementado los medios necesarios mediante alianzas centradas especialmente en las necesidades de los más pobres y vulnerables, se alcancen los objetivos. La resolución dice textualmente:

> Estamos resueltos a poner fin a la pobreza y el hambre en todo el mundo de aquí a 2030, a combatir las desigualdades dentro de los países y entre ellos, a construir sociedades pacíficas, justas e inclusivas, a proteger los derechos humanos y promover la igualdad entre los

géneros y el empoderamiento de las mujeres y las niñas, y a garantizar una protección duradera del planeta y sus recursos naturales.

Los 17 Objetivos de la Agenda se elaboraron en más de dos años de consultas públicas, interacción con la sociedad civil y negociaciones entre los países. La Agenda 2030 pretende que los Estados miembros de las Naciones Unidas adquieran un compromiso común y universal. Puesto que cada país enfrenta retos específicos en su búsqueda del desarrollo sostenible y también cada uno tiene soberanía plena sobre su riqueza, recursos y actividad económica, cada uno fijará sus propias metas nacionales, apegándose a los Objetivos de Desarrollo Sostenible (ODS) según se dispone en el texto aprobado por la Asamblea General.

Además de poner fin a la pobreza en el mundo, los ODS incluyen, entre otros puntos, erradicar el hambre y lograr la seguridad alimentaria; garantizar una vida sana y una educación de calidad; lograr la igualdad de género; asegurar el acceso al agua y la energía; promover el crecimiento económico sostenido; adoptar medidas urgentes contra el cambio climático y promover la paz entre todas las naciones.

A continuación, se desarrolla la descripción de cada Objetivo de Desarrollo Sostenible, tomando como fuente el sitio web de Naciones Unidas, y posteriormente se explica cómo Gaudí, hace 100 años, ya se anticipaba en los mismos esfuerzos que la ONU, actualmente, para construir un mundo mejor.

1

Fin de la pobreza

Objetivo de Desarrollo Sostenible de la ONU

Este es el primer objetivo de la Agenda 2030 y es el objetivo principal para el desarrollo sostenible: erradicar la pobreza extrema en todo el mundo.

Con la aparición de la pandemia COVID-19, la población que vive en la pobreza extrema aumentó, por primera vez, en casi 90 millones, con respecto a las predicciones anteriores. En ciudades como Calcuta, donde la población subsiste en la calle vendiendo productos, frutas, hortalizas o comida cocinada por muy pocas rupias, al quedar recluidos, esa economía de subsistencia se fue al traste y aumentaron notablemente los pobres.

Las causas para que exista tanta pobreza se encuentran debidas al desempleo en países más desarrollados, a la exclusión social donde hay diferencias de raza o condición social y a la alta vulnerabilidad de ciertas poblaciones ante desastres naturales o enfermedades que se transforman en epidemias que azotan principalmente en países pobres, con pocos recursos para combatirlas, además de otros fenómenos que les impiden ser productivas.

Cada vez hay más diferencia entre ricos y pobres y ello hace que aumente la crispación social generando conflictos e inestabilidad social. Nuestro bienestar social depende, también, del bienestar social de los demás, y por ello es muy importante la protección social.

La participación activa, de los ciudadanos, en acciones y campañas que contribuyan a mejorar la situación de la pobreza (más allá de las acciones de los gobiernos o las empresas) son fundamentales para erradicar la pobreza en el mundo y fomentar la innovación, el pensamiento crítico y el apoyo a un cambio transformador en las vidas de las personas.

Iniciativas de Desarrollo Sostenible promovidas por Gaudí

En la Barcelona de finales del siglo XIX, las obras del Templo de la Sagrada Familia estaban situadas en un suburbio obrero y «Gaudí acogía a los pobres a las puertas de la Sagrada Familia»[1], donde se instalaban bajo su protección. Los mendigos y las obras, con su colorido y la singularidad de su aspecto, atraían a diversos pintores, entre los que destacaron Gimeno, Nonell y Mir.

Al parecer, Gaudí, al pasar junto al cuadro de Mir, le preguntó qué tema iba a representar y el pintor con voz potente contestó:

> Quiero pintar la Sagrada Familia, pero con los pobres que nacen aquí. ¿No ha observado, señor Gaudí, que tan pronto como se elevan los primeros muros de una iglesia, enseguida aparecen incrustados como lapas en sus piedras?[2]

A lo que Gaudí exclamó, entusiasmado por el grafismo de la comparación: «¡Es cierto! Pero... ¿dónde podrían acogerse mejor que al abrigo del templo, que es la caridad cristiana?»[3].

---

[1]   Tarragona Clarasó, J. M. (2021). Revista Aleteia. Retrieved from https://es.aleteia.org/2021/06/16/cuando-san-jose-salvo-a-la-sagrada-familia-de-barcelona

[2]   **Álvarez Izquierdo, R.** (1992). *Gaudí*. Madrid: Ediciones Palabra.

[3]   **Álvarez Izquierdo, R.** (1992). *Gaudí*. Madrid: Ediciones Palabra.

Figura 1. Pintura La catedral de los pobres (Joaquím Mir, 1898)
Fuente: https://www.museunacional.cat/es/colleccio/
la-catedral-de-los-pobres/joaquim-mir/212858-000

Esta pintura de óleo sobre lienzo, que data de la época de juventud del pintor barcelonés Joaquim Mir (1873-1940), recoge, con un magistral color y contrastes luminosos, una escena costumbrista pintada en el mismo templo de la Sagrada Familia; actualmente, pertenece a la Colección Carmen Thyssen-Bornemisza y está en depósito en el Museo Nacional de Arte de Cataluña (MNAC).

El pintor Joaquim Mir representó en primer plano a los pobres que Gaudí acogía a las puertas de la Sagrada Familia y «cuando mosén Josep Torras i Bages, gran amigo de Gaudí y futuro obispo de Vic, pasó por delante, exclamó: ¡Parece la Catedral de los Pobres!»[4]. Al parecer, a Gaudí le gustó y ha quedado este nombre de «catedral de los pobres»:

---

[4]   Tarragona Clarasó, J. M. (2021). Revista Aleteia. Retrieved from https://es.aleteia.
org/2021/06/16/cuando-san-jose-salvo-a-la-sagrada-familia-de-barcelona

A quienes no conocían al arquitecto, les parecían increíbles las facilidades que daba para hacer el templo popular. En algunas fiestas religiosas, la concentración de gente era mayor que en muchos «aplecs»[5] de santuarios consolidados[6].

Por ello, no es de extrañar que, en poco tiempo, acudieran gran cantidad de pobres a las inmediaciones del Templo de la Sagrada Familia. Algunos quisieron echarlos, pero Gaudí lo impidió y favoreció que se establecieran en la entrada de la cripta:

Allí constituyeron su «mafia», con una compleja relación de derechos y deberes, que desplazaba a un vecino enfermo de poliomielitis. Gaudí reunió a los mendigos y les dirigió una plática para que fueran caritativos entre ellos, haciéndoles ver que aquel señor, además de pobre era un enfermo paralítico, por lo que, en virtud de su autoridad, le asignaba el lugar mejor, o sea, el soportal de la escalera de la cripta, al abrigo de la intemperie[7].

Además de esto, Gaudí también ayudaba personalmente a pobres y personas necesitadas, de su propio dinero y patrimonio:

En el día de su santo: San Antonio Abad, y por pascua, entregaba al párroco de su parroquia, San Juan, una limosna para los pobres de la misma y me daba otra a mí para los del templo [de la Sagrada Familia]; a este cedió, en vida, jarro y aguamanil de plata, alfombras de su casa, etc., y en las necesidades de las escuelas parroquiales del templo, había también tendido su mano con largueza; [también] se han encontrado cartas de parientes y amigos pidiendo auxilio, que jamás denegó[8].

---

[5]   Reuniones culturales, folklóricas, religiosas o de otra índole, que se celebran, generalmente al aire libre, en Cataluña.

[6]   **Álvarez Izquierdo, R.** (1992). *Gaudí.* Madrid: Ediciones Palabra.

[7]   **Álvarez Izquierdo, R.** (1992). *Gaudí.* Madrid: Ediciones Palabra.

[8]   González-Cremona, J. M. (2017). *Hacia la Beatificación de Antoni Gaudí, desde 1992.* Barcelona: Asociación pro Beatificación de Antoni Gaudí.

Al final de su vida, Gaudí también estuvo cerca de los pobres, puesto que, tras ser atropellado por el tranvía, fue llevado al Hospital de la Santa Cruz, conocido como el «hospital de los pobres», un hospital atendido por religiosos al que iban a parar los pobres y las personas sin recursos.

Lo cierto es que Gaudí, que había estado muchas veces en ese hospital visitando enfermos, también había manifestado que no le importaría ser llevado allí cuando enfermara:

> Gaudí había dicho, en más de una ocasión, al mencionar que podía enfermar y que no tenía familia: «no sentiría que, llegada esa circunstancia, me llevaran al Hospital de la Santa Cruz» (...) Gaudí era un ciudadano más, un pobre se diría, en el «hospital de los pobres», al que él había querido ir[9].

---

[9]   Matamala Flotats, J. (2011). *Antoni Gaudí. Mi itinerario con el arquitecto.* Barcelona: Editorial Claret.

2

Hambre cero

Objetivo de Desarrollo Sostenible de la ONU

Al primer objetivo de acabar con la pobreza, le sigue el objetivo de acabar con el hambre; objetivo perseguido desde hace mucho tiempo por distintas organizaciones y Gobiernos. Según la página web de Naciones Unidas: «El problema global del hambre y la inseguridad alimentaria ha mostrado un aumento alarmante desde 2015».

No se pueden escatimar esfuerzos globales coordinados, por las distintas naciones, para aliviar el hambre en el mundo, porqué es un desafío humanitario crítico. La población afectada es más proclive a enfermedades y mala salud, con consecuencias especialmente graves en la población infantil. El problema del hambre es muy antiguo y, sorprendentemente, en los últimos años ha ido en aumento; hemos vuelto a niveles de hambre que no se veían desde hace 20 años.

Los conflictos bélicos o políticos, el cambio climático, la inseguridad civil, en algunos países, y otros conflictos, agravan notablemente la situación.

El cumplimento de este objetivo condiciona los demás. Sin este objetivo no podremos alcanzar otros objetivos de desarrollo sostenible, como la educación o la salud.

Iniciativas de Desarrollo Sostenible promovidas por Gaudí

Como se ha explicado anteriormente, Gaudí acogía a los pobres y se preocupaba por ellos. De esta forma, intentaba paliar su pobreza; pero, al mismo tiempo, también paliaba el hambre; puesto que, esta es una de las primeras consecuencias de la pobreza.

El problema del hambre y de la pobreza, en el mundo, es un problema de reparto de los bienes y alimentos disponibles, puesto que unos pocos acaparan lo de muchos; por eso, Gaudí era defensor de la sobriedad y la generosidad. En concreto, refiriéndose a la comida, uno de sus más importantes biógrafos recogió su siguiente afirmación: «Los que comen más de lo necesario son unos glotones que malversan sus energías y comprometen su salud; tiene que comerse para vivir, y no vivir para comer»[10].

Gaudí siempre estuvo cerca de sus trabajadores y se preocupó de ayudarles en sus necesidades materiales y espirituales, por eso fue siempre querido y admirado por las personas sencillas[11].

Cuando había algún trabajador enfermo, Gaudí hacía que se le procuraran los medios necesarios para su cuidado y acudía frecuentemente a visitarles, acompañado de sus ayudantes, por eso «sus obreros sentían por él especial veneración»[12].

Pero, también les ayudaba y colaboraba materialmente con ellos en los momentos lúdicos:

> El jueves lardero[13], una multitud con cestos de provisiones venía desde Barcelona y los pueblos cercanos a realizar la tradicional merienda campestre [al Templo de la Sagrada Familia]. Era divertido verles

---

[10]   Puig Boada, I. (2015). *El pensamiento de Gaudí*. Barcelona: Dux.

[11]   Bassegoda Nonell, J. (1989). *El gran Gaudí*. Sabadell: Ausa.

[12]   González-Cremona, J. M. (2017). *Hacia la Beatificación de Antoni Gaudí, desde 1992*. Barcelona: Asociación pro Beatificación de Antoni Gaudí.

[13]   El Jueves lardero es una tradición cristiana que marca el último jueves antes de la Cuaresma.

mezclados con los picapedreros y los albañiles, jugar al escondite entre los bloques de piedra[14].

Es seguro que, la disposición habitual de Gaudí, con sus trabajadores y con la gente humilde, le llevaría a colaborar generosamente en la compra de alimentos para dichas celebraciones.

Figura 2. Celebración en la Sagrada Familia
*Fuente: **Álvarez Izquierdo, R. (1992)***

[14] **Álvarez Izquierdo, R.** (1992). *Gaudí*. Madrid: Ediciones Palabra.

3

Salud y bienestar

Objetivo de Desarrollo Sostenible de la ONU

Se han logrado en los últimos años grandes avances en la mejora de la salud de la población mundial. Se ha reducido la mortalidad infantil en muchos países y se ha combatido eficazmente contra el VIH, reduciendo notablemente las muertes relacionadas con el sida. Sin embargo, la pandemia de la COVID-19, y otras crisis en curso, han impedido el progreso hacia este objetivo; todavía existen grandes desigualdades en el acceso a la atención sanitaria.

Hay gran parte de la población mundial que carece de acceso a prestaciones a atención sanitaria. Se necesita una mayor inversión en los sistemas sanitarios de los distintos países, ayudando los más ricos a los más pobres y apoyando la actividad de los organismos de ayuda humanitaria.

Para garantizar una prestación de atención sanitaria universal es necesario una mayor inversión de recursos económicos al respecto y solventar factores ambientales y comerciales que permitan allanar el camino hacia el logro de este objetivo de desarrollo sostenible de salud y bienestar para todas las personas.

Se deben pedir responsabilidades a los gobiernos y a los líderes locales para mejorar el acceso de las personas a la salud y a la atención médica.

Iniciativas de Desarrollo Sostenible promovidas por Gaudí

Independientemente de la preocupación de Gaudí por los trabajadores de sus obras, su salud, su educación, etc. —como se verá apartados posteriores—, y de la preocupación por los pobres y personas más necesitadas de las barriadas del entorno de sus obras —como se ha mencionado anteriormente—, a Gaudí también le preocupaba mucho la salud y el bienestar de los usuarios de sus edificios y, por ello, estudiaba con detenimiento hasta los más pequeños detalles en sus diseños.

Hoy en día, por desgracia, la mala práctica en la arquitectura, en determinados casos, ha derivado en lo que se conoce como «Edificios enfermos»; que son edificios —generalmente torres de oficinas— en los que sus deficientes condiciones de ventilación, iluminación, ruido, electricidad estática, etc., provoca que los usuarios padezcan todo tipo de afecciones como sequedad de ojos, pérdida de visión, problemas en las vías respiratorias, asma, estrés, falta de concentración y rendimiento, etc.

A Gaudí le preocupaba mucho la salud y el bienestar de los usuarios de sus edificios y, también, la salud y el bienestar de las personas del entorno en función de las repercusiones medioambientales de sus obras; por ello, es considerado como un precursor fundamental de la ecología y la sostenibilidad en la arquitectura[15].

Pero Gaudí, para llegar a ser el precursor fundamental de la sostenibilidad y la ecología en la arquitectura, dedicó toda su vida a la investigación científica y la experimentación en el ámbito de la arquitectura, estudiando con minucioso detenimiento —como se ha explicado anteriormente— hasta los más pequeños detalles de sus diseños.

De ese minucioso y concienzudo estudio se derivaron ingeniosas soluciones, algunas de ellas tan sorprendentes e innovadoras que, hoy en día, siguen asombrando a los estudiosos de Gaudí.

---

[15]   Salas Mirat, C. (2018). *Tesis Doctoral: Antonio Gaudí, precursor de la sostenibilidad en la arquitectura* doi:10.20868/UPM.thesis.53898

3.1. Esfuerzo y sacrificio al servicio de la salud y el bienestar

Gaudí afirmaba frecuentemente que: «originalidad es volver al origen»[16].

Esta afirmación —que podría considerarse que no tiene más valor que el de un comentario agudo— va, sin embargo, derecha a la médula de su esforzado y sacrificado sistema de trabajo:

> Es una actitud que conduce a desmenuzar toda cuestión, hasta llegar a las raíces más elementales del problema que son, al mismo tiempo, las más profundas. Partiendo de este análisis (...) —volviendo al origen—, Gaudí es capaz de acceder a soluciones libres de prejuicios[17].

Pero, en este esfuerzo y sacrificio, Gaudí no arranca de cero. Es consciente de que el auténtico progreso científico requiere el esfuerzo de conocer muy bien lo que otros ya han investigado anteriormente. Por eso, él mismo afirma que:

> Todo el mundo debe apoyarse en lo hecho anteriormente y, si no lo hace, no llegará a buen puerto, y caerá en los errores que se han venido repitiendo a lo largo de los siglos[13].

Por ejemplo, antes de la experimentación con superficies regladas, investiga durante muchos años los estudios publicados por científicos como[19]:

---

[16] Puig Boada, I. (2015). *El pensamiento de Gaudí*. Barcelona: Dux.
[17] Flores López, C. (1994). *Sobre arquitecturas y arquitectos*. Madrid: Colegio Oficial de Arquitectos de Madrid.
[18] Bassegoda Nonell, J. (1989). *El gran Gaudí*. Sabadell: Ausa.
[19] Flores López, C. (1994). *Sobre arquitecturas y arquitectos*. Madrid: Colegio Oficial de Arquitectos de Madrid.

- -Charles François Antoine Leroy (tratadista en geometría descriptiva).
- -Karl Hermann Amandus Schwarz (matemático).
- -Ernest Heinrich Haeckel (filósofo y biólogo).
- -D'Arcy Wentworth Thompson (biólogo y matemático), etc.

Es por ello que, sus soluciones plásticas, tan sorprendentes y atractivas, no son gratuitas o espontáneas, y menos contrarias a otras razones constructivas, estructurales o de funcionamiento.

Podría decirse que la preocupación de Gaudí, su gran esfuerzo y sacrificio —en algunos casos, muchos años de concienzuda investigación y experimentación— no tienen como objetivo el aplauso por el atractivo estético o artístico de sus obras, sino la salud y bienestar sociales, a través de la eficiencia energética y estructural, el diseño bioclimático, la protección del medioambiente, etc.

> Gaudí deja, en rigor, muy pocas veces realmente libre su imaginación pese a que, a primera vista, es esto lo que pudiera creerse. Sus personalísimos hallazgos plásticos se encuentran normalmente encadenados a un riguroso discurrir lógico del que solo constituyen el eslabón final [20].

Gaudí afirmaba que «la obra de arte, además de la emoción estética, debe basarse en la verdad; sin esta la obra es incompleta»[21].

Por tanto, para Gaudí la prioridad de su trabajo era la fidelidad a las verdades científicas (geométricas, mecánicas, matemáticas, físicas, etc.) con un gran esfuerzo de investigación al servicio de la sociedad, de la salud y el bienestar de las personas. Y los valores estéticos —que, como gran artista, también consideraba muy importantes— eran el

---

[20]   Flores López, C. (1994). *Sobre arquitecturas y arquitectos*. Madrid: Colegio Oficial de Arquitectos de Madrid.

[21]   Martinell Brunet, C. (1967). *Gaudí: su vida, su teoría, su obra*. Barcelona: Colegio de Arquitectos de Cataluña y Baleares.

reflejo de los valores científicos. Porque para él, según afirmaba: «la belleza es el resplandor de la verdad...»[22].

3.2. Salud y bienestar: confort del usuario

La salud y el bienestar de las personas incluye un abanico muy amplio de necesidades que Gaudí aborda habitualmente en su trabajo.

Muchas de estas necesidades —como, por ejemplo, la eficiencia de medios, la eficiencia energética, el aprovechamiento de recursos o el impacto medioambiental— se van a estudiar, a continuación, en otros Objetivos de Desarrollo Sostenible, como, por ejemplo:

- En el ODS nº6 (agua limpia y saneamiento).
- En el ODS nº7 (energía asequible y no contaminante).
- En el ODS nº8 (industria, innovación e infraestructura).
- En el ODS nº11 (ciudades y comunidades sostenibles).
- En el ODS nº13 (acción por el clima).

Por tanto, dentro del ODS nº3 (salud y bienestar) vamos a abordar, exclusivamente, las estrategias arquitectónicas empleadas por Gaudí con respecto al confort del usuario; es decir, ergonomía, acústica u otras condiciones de confort.

3.2.1. Ergonomía

En la Casa Batlló, el diseño de la barandilla de madera está perfectamente estudiado para su adaptación a la anatomía de la mano, y para su deslizamiento por ella.

---

[22] Almuzara, J. M., Curti, C., Giordani, D., Giussani, C., Faulí, J., & Sotoo, E. (2011). *Sagrada Familia Moved by Beauty. Guía para visitar la mayor obra de Antoni Gaudí*. Madrid: Catálogo de la Exposición: Sagrada Familia Moved by Beauty.

Gaudí diseña el mobiliario de las casas Vicens, Calvet, Batlló y Milá, así como del Palacio Güell y de la Torre Bellesguard, junto con el mobiliario litúrgico de la Sagrada Familia. En todos los casos efectúa cuidadosos estudios, de tipo funcional-ergonómico —antes incluso de inventarse tal palabra— para la perfecta adaptación del mobiliario a la anatomía humana, obteniendo diseños ergonómicos sumamente innovadores[23].

Figura 3. Diseños ergonómicos de Gaudí para la casa Milá
Fuente 1: C. Salas Mirat
Fuente 2: C. Salas Mirat (exposición Espai Gaudí en Barcelona)

En la Casa Milá, todos los herrajes de puertas y ventanas —como tiradores, manillas y pomos— fueron diseñados por Gaudí a partir de modelos de barro aplastados con los dedos, para el estudio de su ergonomía antes de ser fundidos en bronce.

En el Parque Güell, Gaudí pidió a uno de los trabajadores que se sentara sobre una maqueta de yeso del banco que pensaba construir —cuando el yeso blanco aún no había endurecido— para sacar un molde del cuerpo humano, y poder hacer un banco con diseño ergonómico.

---

[23] Estévez, A. T., & Tur Triadó, J. R. (2002). *Gaudí*. Madrid: Susaeta Ediciones.

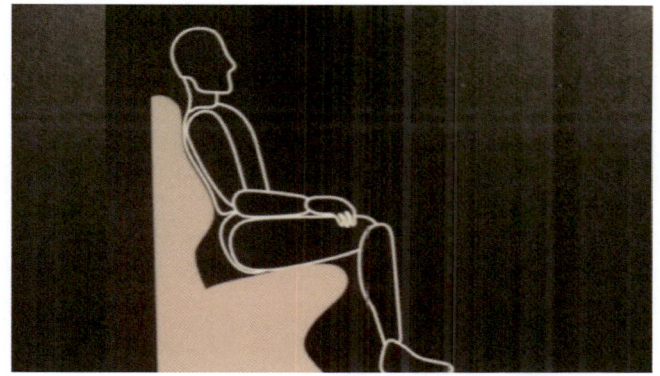

Figura 4. Estudio ergonómico del banco del Parque Güell
Fuente: C. Salas Mirat (museo Gaudí Centre de Reus)

3.2.2. Acústica

En el Palacio Güell, los adoquines con que está pavimentada la entrada de carruajes eran de madera de pino tea, para atenuar el ruido de caballos y carruajes[24].

Figura 5. Adoquines de madera de pino en la entrada de
carruajes del Palacio Güell
Fuente: https://www.palauguell.cat/es/cocheras-y-antiguo-almacen

---

[24]   González Moreno-Navarro, A., & Lacuesta Contreras, R. (2013). *Palacio Güell Gaudí, itinerario de visita.* Barcelona: Diputación de Barcelona.

En la Sagrada Familia, realizó profundos estudios de acústica para la mejora de la misma en el interior del templo. Fruto de esos estudios es, por ejemplo, el innovador claustro-fachada que rodea todo el templo, y cuya función es no solo la deambulación de los visitantes, sino también el aislamiento del ruido exterior[25]. Al mismo tiempo, las pequeñas viseras con inclinación graduada hacia abajo, que envuelven profusamente las torres de los campanarios, están diseñadas para que el sonido de las campanas pueda escucharse en toda la ciudad[26].

Está previsto que el templo tenga unas 60 campanas fijas tubulares, que puedan tocarse mediante martillos accionados por mecanismos eléctricos, desde un teclado con todas las notas musicales, para dotar al templo de un dispositivo musical de grandiosos efectos[27]. Gaudí hizo múltiples ensayos, durante varios años, auxiliándose en los especialistas que él creía más cualificados, como el maestro Francisco Pujols (segundo director del «Orfeó Catalá») o el industrial metalista Miguel Carreras[28].

3.2.3. Otras condiciones de confort

En la Casa Vicens, hay puertas que cierran solas mediante una pequeña inclinación en el eje de giro de los goznes y, además, en muchas de ellas sustituyó las pesadas fallebas por pequeñas lengüetas[29].

En el salón principal de la Casa Batlló, Gaudí diseñó un ingenioso sistema de cerramiento desplegable de seis hojas, que permite la con-

25 Giordano, C., & Palmisano, N. (2011). *Basílica de la Sagrada Familia*. Barcelona: Dos de Arte Ediciones.
26 Collins, G. R. (1966). *Antonio Gaudí*. Barcelona: Bruguera.
27 Giordano, C., & Palmisano, N. (2011). *Basílica de la Sagrada Familia*. Barcelona: Dos de Arte Ediciones.
28 Martinell Brunet, C. (1967). *Gaudí: su vida, su teoría, su obra*. Barcelona: Colegio de Arquitectos de Cataluña y Baleares.
29 Bassegoda Nonell, J., Bassegoda Musté, B., & Lloveras Montserrat, J. (1992). *Aproximación a Gaudí*. Madrid: Doce Calles.

figuración del espacio en función de las necesidades, tal y como, hoy en día, se hace con las tabiquerías móviles[30].

Todas las viviendas de la Casa Milá contaban con un moderno sistema de calefacción por radiadores de agua caliente e incluso calentadores de agua en los baños. La instalación fue realizada por la ingeniería Casa Muntadas de Barcelona. Gaudí había previsto también un sistema de riego automático para las plantas, que debía confundirse con los remates decorativos de hierro de los balcones[31].

Se puede decir también que la Casa Milá fue el primer caso en Barcelona, y posiblemente de los primeros mundiales, con sistemas de rampas, después tan usados en garajes de varios pisos[32].

Figura 6. Rampas de garaje de la Casa Milá
Fuente: beteve.cat/historia/pedrera-parquing-subterrani/

Para Gaudí, es tan importante el confort de los usuarios —y la satisfacción de los gustos de sus propios clientes— que llega a detalles tan sorprendentes como el de las «ventanas armónicas» de El

[30]   Giordano, C., & Palmisano, N. (2011). *Un edificio transformado en obra de arte, Casa Batlló*. Barcelona: Dos de Arte Ediciones.

[31]   Bassegoda Nonell, J. (1989). *El gran Gaudí*. Sabadell: Ausa.

[32]   Martinell Brunet, C. (1967). *Gaudí: su vida, su teoría, su obra*. Barcelona: Colegio de Arquitectos de Cataluña y Baleares.

Capricho, en las que los contrapesos son tubos de metal afinados, que al subir o bajar las hojas chocan entre sí, produciendo agradables sonidos musicales[33]. El abogado Máximo Díaz de Quijano, que le había hecho el encargo de construir la casa, era muy aficionado a la música.

[33] Sama García, A. (2014). *El manifiesto del girasol. Una obra maestra de Gaudí: El Capricho de Comillas*. Santander: Ediciones Universidad de Cantabria.

4

Educación de calidad

Objetivo de Desarrollo Sostenible de la ONU

Se venía observando en los últimos años un progreso lento hacia una educación de calidad a nivel mundial, pero el azote del COVID ha supuesto un gran revés y nos encontramos con cifras alarmantes que se deben vencer para conseguir el objetivo de conseguir una educación de calidad para todos.

Para alcanzar este objetivo, lo primero es tener personas capacitadas; es decir, que hayan tenido una educación básica. Se deber garantizar una educación primaria gratuita y obligatoria a sus ciudadanos y aumentar el número de profesores, para mejorar la infraestructura escolar básica.

En todos los países, se dan tasas altas de abandono escolar en las zonas marginadas de población. Destacan países del África Subsahariana, donde la situación es extrema y menos de la mitad de sus escuelas tienen acceso a agua potable, electricidad, ordenadores e Internet.

Iniciativas de Desarrollo Sostenible promovidas por Gaudí

A Gaudí también le preocupaba la educación de los niños y, en especial, la de los hijos de sus trabajadores.

Por ese motivo, en el propio solar de la obra de la Sagrada Familia, se construyeron unas escuelas financiadas por Gaudí —el coste total fue de 9000 pesetas— para que pudieran estudiar de forma gratuita los hijos de los obreros[34].

Las escuelas acogían entre 120 y 150 alumnos, y disponían de un amplio patio exterior para actividades al aire libre, jardinería, etc.

Figura 7. Clase de jardinería en las Escuelas de la Sagrada Familia
Fuente: Bonet Armengol, J. (2002)

Pero la preocupación de Gaudí por conseguir una educación de calidad para los hijos de los obreros, que trabajaban en las obras del Templo de la Sagrada Familia, iba más allá de la construcción y financiación de las escuelas. También se preocupaba por el método de enseñanza.

En principio, Gaudí hizo que en las Escuelas de la Sagrada Familia se siguiera el método pedagógico de Andrés Manjón —fundador de las Escuelas del Ave María de Granada—, pero más adelante, en 1915, quiso que se aplicara el Método Montessori; el cual, suponía una importante innovación en el ámbito educativo.

---

[34] Cussó Anglés, J. (2010). *Disfrutar de la naturaleza con Gaudí y la Sagrada Familia*. LLeida: Milenio.

Como buen conocedor del Movimiento Litúrgico, Gaudí asistió al Primer Congreso Litúrgico de Montserrat —celebrado del 5 al 10 de julio de 1915— y, seguramente, pudo escuchar la ponencia de Ana Maccheroni, maestra de la Escuela Montessori en Barcelona. Según las crónicas de la época, fue una interesantísima conferencia, vivamente aplaudida35.

Además, Gaudí también barajó la posibilidad de disponer talleres de «ciclos formativos» de la época —a modo de formación profesional— en los bajos de la basílica[36].

35   Aran Sala, E. (2021). Catalunya Religió. Retrieved from https://www.cata-lunyareligio.cat/es/node/285584
Montessori, la Sagrada Familia y Godlyplay
36   Aran Sala, E. (2021). Catalunya Religió. Retrieved from https://www.cata-lunyareligio.cat/es/node/285584
Montessori, la Sagrada Familia y Godlyplay

5

Igualdad de género

(referido al género masculino y femenino)

Objetivo de Desarrollo Sostenible de la ONU

La mitad de la población mundial está formada por mujeres y niñas y, sin embargo, no están equiparadas con los hombres en lo que respecta a los salarios, ganando menos de un tercio que ellos, además de dedicar el triple de horas a las tareas domésticas y cuidado de las personas. Según la página web de Naciones Unidas:

> La igualdad de género no solo es un derecho humano fundamental, sino que es uno de los fundamentos esenciales para construir un mundo pacífico, próspero y sostenible.
>
> Si eres un hombre o un niño, debes acompañar a las mujeres y las niñas en la consecución de la igualdad de género y el fomento de unas relaciones sanas y respetuosas.

En los últimos años, se ha avanzado en conseguir la igualdad de género, para alcanzar una sociedad más justa.

Ahora, se debe seguir contribuyendo en campañas educativas para frenar prácticas culturales que atentan contra los derechos de la mujer y, al mismo tiempo, cambiar las leyes que limitan sus derechos y les impiden desarrollar todo su potencial.

Iniciativas de Desarrollo Sostenible promovidas por Gaudí

La igualdad de género es un derecho fundamental recogido, tanto en la Constitución Española como en la Declaración Universal de los Derechos Humanos, según el cual las personas son iguales ante la ley. Esto significa que todos tenemos los mismos derechos y deberes.

Gaudí se preocupaba de cualquiera que pudiera necesitar su ayuda, independiente de que su condición fuera la de hombre o mujer. De la misma forma que ayudaba a los obreros que trabajaban con él —tal como se ha explicado anteriormente— también ayudaba a cualquier mujer que le necesitara, tal como narra Gil Parés Vilasau, primer párroco de la Sagrada Familia:

> Por conducto mío, ayudó a pagar el alquiler a una desgraciada madre con sus hijas, que en tiempos más felices habían cuidado de él[37].

También ayudó a su sobrina, Rosa Egea Gaudí, haciéndose cargo de ella tras quedar huérfana de madre y ser abandonada por su padre.

En la Capilla del Rosario —del Templo de la Sagrada Familia— Gaudí dejó, labrado en piedra, un maravilloso mensaje de defensa de la dignidad de la mujer. En esa capilla se representa a una chica tentada por el diablo a vender su cuerpo, por un saco de monedas. La prostitución es, sin duda, uno de los mayores atentados, y más denigrantes, contra la dignidad de la mujer y Gaudí lo denuncia en esta pequeña capilla del rosario.

---

[37]   González-Cremona, J. M. (2017). *Hacia la Beatificación de Antoni Gaudí, desde 1992*. Barcelona: Asociación pro Beatificación de Antoni Gaudí.

Figura 8. Chica tentada por el diablo (Capilla del Rosario,
Templo de la Sagrada Familia)
Fuente: https://blog.sagradafamilia.org/es/divulgacion/
portal-del-rosario/

6

Agua limpia y saneamiento

Objetivo de Desarrollo Sostenible de la ONU

Este objetivo representa la necesidad más básica de la población mundial, que es tener acceso al agua potable y disponer de infraestructura de saneamiento para las aguas residuales.

La demanda de agua ha crecido notablemente, en todo el planeta, debido al crecimiento de la población. Esto implica el crecimiento de las ciudades, un gran volumen de obras de urbanización y un mayor consumo agrícola, industrial y energético. Numerosas poblaciones, en determinadas épocas del año, sufren escasez de agua.

Son necesarias inversiones en infraestructuras, para garantizar el acceso al agua potable en todas las poblaciones.

La página web de Naciones Unidas indica que:

> Al gestionar el agua de forma sostenible, se mejora la gestión de la producción de alimentos y energía (...) Además, se preservan los ecosistemas acuáticos y su biodiversidad, y se lucha contra el cambio climático.

Iniciativas de Desarrollo Sostenible promovidas por Gaudí

Para Gaudí, una de las principales necesidades de la arquitectura —determinante en la toma de decisiones del proyecto arquitectónico y urbanístico— era la salubridad y, por tanto, el diseño de las instalaciones de suministro de agua y de saneamiento de los edificios[38].

A modo de ejemplo, la Casa Botines fue la primera casa en León que tuvo cuartos de baño[39]. Además, en otras muchas obras de Gaudí, se refleja su preocupación por el adecuado funcionamiento de las instalaciones de suministro de agua limpia y saneamiento.

En el año 1900, la Casa Calvet recibió el premio al mejor edificio del año del Ayuntamiento de Barcelona y, según Juan Bassegoda Nonell, el jurado se mostró particularmente impresionado por «la buena ventilación y sifonaje de las conducciones de aguas residuales, que daban al edificio excelentes condiciones higiénicas» [40].

La Casa Calvet tenía, además, una fuente con agua limpia, filtrada y refrescada a 13° —para uso de los vecinos— en un patio con acceso desde el primer rellano de la escalera. El agua de la fuente provenía directamente del curso de agua de la Riera de la Malla, que atravesaba la parte posterior del solar[41].

---

[38] Sama García, A. (2014). *El manifiesto del girasol. Una obra maestra de Gaudí: El Capricho de Comillas.* Santander: Ediciones Universidad de Cantabria.

[39] Bassegoda Nonell, J. (1989). *El gran Gaudí.* Sabadell: Ausa.

[40] Bassegoda Nonell, J. (1989). *El gran Gaudí.* Sabadell: Ausa.

[41] Bassegoda Nonell, J. (1989). *El gran Gaudí.* Sabadell: Ausa.

Figura 9. Diploma del premio del Ayuntamiento de Barcelona a la Casa Calvet
Fuente: C. Salas Mirat (museo Gaudí Centre de Reus)

Pero, aparte de la preocupación de Gaudí por las instalaciones de suministro de agua y de saneamiento de sus edificios, también era consciente de la necesidad de un correcto diseño urbano.

En ese sentido, el Parque Güell —que fue diseñado por Gaudí como una urbanización residencial para la construcción de viviendas unifamiliares— es un gran captador de agua limpia de lluvia, destinado a controlar la erosión y apoyar la reforestación de un entorno urbano, que se encontraba en estado de desertización[42]:

Frenar la velocidad del agua, dividirla, filtrarla, recogerla de nuevo, todo forma parte de la estrategia de gestión hídrica (...) La mayoría

---

[42]   da Silva, C. (2007). *Park Güell: arquitectura conformada por el agua: gestión hídrica para la reforestación de la Montaña Pelada en Barcelona.*

de los elementos usados por Gaudí en la urbanización del Park —
caminos, escaleras, viaductos...— adquieren así funcionalidad dentro
de una estrategia global frente al flujo del agua [43].

En realidad, el Parque Güell —además de obra artística y creativa—
es una gran obra de ingeniería. Gaudí, demostrando una sensibilidad
especial con el problema de la escasez de agua, concibió un ingenioso
sistema de drenaje con el fin de aprovechar la lluvia que caía sobre
la gran plaza:

> Para facilitar el drenaje, el pavimento de la plaza está compuesto
> de varias capas de piedras cuyo grosor aumenta con la profundidad,
> de manera que el agua se va filtrando sin arrastrar demasiadas impu-
> rezas [44].

Figura 10. Vegetación autóctona del Parque Güell
Fuente: www.acharvat.at/barcelona/barc41.html

---

[43] Cuchí Burgos, A.La percepción del territorio desde el análisis de los flujos
materiales. Retrieved from mastersuniversitaris.upc.edu/aem/archivos/in-
formes/la-percepcion-del-territorio-desde-el-analisis-de-los-flujos-mate-
riales.pdf
[44] Giordano, C., & Palmisano, N. (2010). *El proyecto Park Güell*. Barcelona:
Dos de Arte Ediciones.

Además, las robustas columnas de la sala hipóstila —huecas en su interior— son, en realidad, grandes bajantes de piedra que conducen el agua de la plaza, hasta la cisterna inferior, con una capacidad de 1200 metros cúbicos de agua. La cisterna es una extraordinaria estructura de columnas y arcos pensada para recibir el agua que entra en la cámara y la famosa fuente del reptil de la escalinata es, en realidad, el desagüe del depósito[45].

Figura 11. Cisterna inferior del Parque Güell
Fuente: za.pinterest.com/pin/440438038543700768/

---

[45] Kent, C., & Prindle, D. (1992). *Hacia la arquitectura de un paraíso.* Madrid: Hermann Blume.

7

Energía asequible y no contaminante

Objetivo de Desarrollo Sostenible de la ONU

Es clave para el desarrollo de la agricultura, la industria, las empresas, los centros educativos y sanitarios, y de los medios de transporte, contar con una energía limpia y asequible.

En los países avanzado, cada vez son mayores las necesidades de energías limpias y sostenibles. El efecto invernadero causado por la emisión de gases en la producción de energía también es un grave problema. Además, más de 600 millones de personas continúan sin suministro de energía eléctrica.

Es necesario invertir en fuentes de energía limpia y renovables como la energía solar. Se deben ampliar las infraestructuras y mejorar la tecnología.

Aunque se ha acelerado el acceso a la electricidad en los países más pobres y las energías renovables avanzan rápidamente, es preciso mejorar el acceso de las poblaciones más desfavorecidas a tecnologías limpias y seguras. La página web de Naciones Unidas indica que:

> Los países pueden acelerar la transición hacia un sistema energético asequible, seguro y sostenible al invertir en energías renovables, priorizar la implementación de prácticas de eficiencia energética y

adoptar tecnologías e infraestructuras de energía limpia (...) Las empresas pueden hacer un esfuerzo por mantener y proteger los ecosistemas y comprometerse a obtener el 100 % de la electricidad que necesitan de fuentes renovables.

Iniciativas de Desarrollo Sostenible promovidas por Gaudí

Las fuentes de energía más asequibles y no contaminantes son las fuentes de energía renovables; es decir, las que se obtienen de recursos naturales renovables como el viento, el sol, la madera, etc.

Por tanto, el diseño arquitectónico más sostenible es el que emplea, de forma prioritaria, esas fuentes de energía renovables, a través de estrategias pasivas de acondicionamiento ambiental del edificio; es decir, a través de estrategias de diseño bioclimático[46].

Gaudí empleaba, con gran maestría, las estrategias bioclimáticas tradicionales de la arquitectura popular, y en algunos casos —a partir de esas estrategias bioclimáticas— concebía ingeniosos sistemas innovadores[47]:

> En la Casa Batlló, podemos hablar en mayúsculas de Arquitectura Bioclimática. Puesto que Gaudí echará mano, una vez más, de la arquitectura vernacular, así como de toda una serie de sistemas pasivos, mecánicos de climatización, para un mayor aprovechamiento activo de las energías renovables...[48].

---

[46] Salas Mirat, C. (2018). *Tesis Doctoral: Antonio Gaudí, precursor de la sostenibilidad en la arquitectura* doi:10.20868/UPM.thesis.53898

[47] Bassegoda Nonell, J. (1990). La construcción tradicional en la arquitectura de Gaudí. *Informes de la Construcción,* vol. 42, no. 408 julio-agosto, p. 9.

[48] Usón Guardiola, E. & Cunill de la Puente, Eulalia 2004, *Dimensiones de la sostenibilidad,* Ediciones UPC, Barcelona, p. 67.

Algunas de las estrategias bioclimáticas habitualmente empleadas, son[49]:

- Efecto invernadero (captación de energía). La energía solar penetra a través de los ventanales de vidrio, quedando retenida en el interior, y produciendo el calentamiento de la estancia[50]. Esta estrategia se utiliza, por ejemplo, en las galerías acristaladas gallegas.
- Inercia térmica (acumulación de energía). Capacidad de almacenamiento de energía térmica de un material, que posteriormente va desprendiendo durante las horas del día en que es demandada[51]. En las galerías acristaladas gallegas, por ejemplo, los muros de piedra introducen en el interior de la vivienda el calor almacenado por el efecto invernadero de las cristaleras.
- Aislamiento térmico. Se consigue mediante la interposición de materiales de baja conductividad térmica o cámaras de aire en la envolvente del edificio. Por ejemplo, mediante la construcción de estancias deshabitadas bajo cubierta, como trasteros, pajares u otras dependencias.
- Enfriamiento evaporativo. El proceso de evaporación del agua necesita un aporte de energía térmica que roba del ambiente, rebajando la temperatura. Esta estrategia se utiliza, por ejemplo, en las zonas ajardinados, mediante la colocación de plantas que aporten humedad al ambiente.
- Enfriamiento radiante. Durante la noche, y con cielos despejados, se produce la reirradiación del calor almacenado durante las horas de sol, produciéndose un enfriamiento que —adecuada-

[49] Salas Mirat, C. (2018). *Tesis Doctoral: Antonio Gaudí, precursor de la sostenibilidad en la arquitectura* doi:10.20868/UPM.thesis.53898

[50] Bedoya Frutos, C. & Neila González, F. J. (1986). *Acondicionamiento y energía solar en arquitectura*, Colegio Oficial de Arquitectos de Madrid, Madrid.

[51] Bedoya Frutos, C., Carril García, A., Cembranos Díaz, L., Macías Miranda, M. & Neila González, F. J. (1982). *Las energías alternativas en la arquitectura*, Colegio Oficial de Arquitectos de Madrid, Madrid.

mente confinado en los patios— puede trasmitirse al interior de las estancias durante las primeras horas del día.

- Enfriamiento convectivo. Cuando hay capacidad de ventilación nocturna, y suficiente inercia térmica, se puede almacenar el frescor producido durante la noche.
- Protección de la radiación solar. Se consigue mediante la reducción de la superficie de huecos —en las fachadas más expuestas al sol— o mediante el sombreamiento de los mismos. También, mediante el autosombreamiento de patios y fachadas.
- Ventilación natural. Se consigue mediante la adecuada disposición de los huecos de fachada y la distribución interior, para que pueda producirse una ventilación cruzada.
- Iluminación natural. Se consigue teniendo en cuenta la superficie y orientación de los huecos de fachada, así como su altura —respecto a la vía pública— y la separación a los edificios próximos.
- Orientación y factor de forma del edificio, en función de la zona climática y de los usos previstos en las distintas estancias.

Gaudí optimiza la eficiencia energética de sus edificios mediante ingeniosos sistemas bioclimáticos, estudiando y aprovechando minuciosamente la luz natural, la ventilación natural y las condiciones del ambiente interior, en función de la climatología de la zona, la orientación del edificio y los usos de cada estancia; estudia el sombreamiento y soleamiento de las diferentes partes del edificio, y los vientos dominantes[52].

[52]   Salas Mirat, C. (2018). *Tesis Doctoral: Antonio Gaudí, precursor de la sostenibilidad en la arquitectura* doi:10.20868/UPM.thesis.53898

7.1. La iluminación natural: fuente de energía asequible y no contaminante)

En Gaudí —denominado por algunos como «el arquitecto de la luz» y siempre muy unido a la luz del mediterráneo— la luz jugaba un papel fundamental.

Gaudí decía habitualmente:

«El sol del mediterráneo es el gran pintor»[53].

Cuando recibía un encargo, lo primero que hacía era estudiar detalladamente la orientación del edificio, la intensidad de la luz solar y de la climatología del lugar. La luz era una preocupación constante en la arquitectura de Gaudí; en muchas de sus obras, las persianas y los múltiples mecanismos que utiliza para introducir y controlar la luz eran objeto de un estudio particular[54].

En la naturaleza, la luz es el fundamento de la vida. Todo gira en torno a la luz: los ritmos biológicos de los seres vivos y todas las actividades humanas[55].

Gaudí se da cuenta de la importancia de la luz y por eso la estudia en profundidad en todos sus proyectos, afirmando: «Toda excelencia proviene de la luz. La arquitectura es el ordenamiento de la luz»[56].

El Templo de la Sagrada Familia —que a Gaudí le gustaba comparar con un bosque horadado por los rayos de luz que se filtran a través de los árboles— es un paradigma de la preocupación de Gaudí por la luz.

[53] Bergós Massó, J. (1999). *Gaudí, el hombre y la obra*, Lunwerg, Barcelona, p. 40.

[54] Martí Audí, N. (2005). *Les persianes de Gaudí, eines de la llum: la llum en el seu aspecte més sensible i subordinada a criteris constructius*, Universidad Politécnica de Cataluña.

[55] Salas Mirat, C. (2018). *Tesis Doctoral: Antonio Gaudí, precursor de la sostenibilidad en la arquitectura* doi:10.20868/UPM.thesis.53898

[56] Cussó Anglés, J. (2010). *Disfrutar de la naturaleza con Gaudí y la Sagrada Familia*, Milenio, LLeida, p. 28.

7.1.1. Iluminación natural en la Sagrada Familia

Gaudí en su afán por superar y perfeccionar el gótico, ideó las bóvedas de la Sagrada Familia, formadas por hiperboloides. Estas superficies regladas son huecas en el centro —donde las antiguas bóvedas góticas tenían la clave— y esto permite aportar una gran cantidad de luz natural a las naves.

Al mismo tiempo, en la intersección de las bóvedas —donde en el gótico se situaban los nervios— los hiperboloides abren nuevos vanos de pequeño tamaño, que en la Sagrada Familia consiguen la sensación de cielo estrellado.

Figura 12. Bóvedas de la Sagrada Familia
Fuente: blogdelaurac.blogspot.com.es/2013/05/sagrada-familia.html

Además, Gaudí consigue que la luz natural llegue a la cripta elevando el espacio central sobre las capillas laterales, para poder abrir grandes ventanales en todo el perímetro[57]:

> una de las principales modificaciones que Gaudí decidirá al hacerse cargo de las obras del templo expiatorio sería la de dotar a la cripta de una iluminación natural directa (...) Sus criptas y plantas de sótano

---

[57]   Bassegoda Nonell, J. (1989). *El gran Gaudí*, Ausa, Sabadell, p. 224.

o semisótano compartirán, en general, esta cualidad de contar con ventanas e iluminación directas[58].

7.1.2. Iluminación natural en la restauración de la Catedral de Mallorca

La recuperación de los rosetones y vidrieras fue una de las más espectaculares realizaciones de Gaudí en la Catedral de Mallorca. Estos rosetones y vidrieras eran ciegos —pues tenían las tracerías, pero no los cristales— y, al recuperar las vidrieras, Gaudí consiguió potenciar de forma majestuosa la iluminación natural[59].

Además, en los nuevos vitrales, inventa un nuevo sistema de coloración de vidrios —denominado «tricromía»— consistente en la superposición de tres vidrios con colores primarios que, iluminados por la luz del sol y en función del grueso de cada vidrio, producen los colores secundarios. Este sistema lo empleará posteriormente en las vidrieras de la Sagrada Familia y, aparte de sus novedosos efectos ópticos, también permitirá a Gaudí el aprovechamiento de vidrios de desecho.

---

[58]   Flores López, C. (1994). *Sobre arquitecturas y arquitectos,* Colegio Oficial de Arquitectos de Madrid, Madrid, p. 114.
[59]   Bassegoda Nonell, J. (1989). *El gran Gaudí,* Ausa, Sabadell, p. 457.

Figura 13. Iluminación natural de la Catedral de Palma de
Mallorca tras la intervención de Gaudí
Fuente: javifields.blogspot.com/2009/10/la-catedral-de-la-luz.html

7.1.3. Iluminación natural en la Casa Batlló y en la Casa Milá

La Casa Batlló —construida originariamente en 1877— es transformada profundamente por Gaudí, por encargo de José Batlló Casanovas.

La transformación afectó, en gran medida, a la iluminación del edificio, puesto que una parte fundamental de la reforma fue el ensanchamiento del patio interior y la apertura de grandes ventanales en la fachada y el patio.

Además, Gaudí revistió el patio interior de azulejos en distintos tonos azules, más intensos en la parte superior y más claros en la parte inferior, para conseguir una mejor distribución de la luz. Por otro lado, las ventanas son progresivamente más grandes en las plantas más bajas, donde llega menor cantidad de luz natural[60].

---

[60] Bassegoda Nonell, J., Bassegoda Musté, B. & Lloveras Montserrat, J. (1992). *Aproximación a Gaudí*, Doce Calles, Madrid, p. 173.

Figura 14. Patio de la Casa Batlló
Fuente: virginianapracticashistoria.blogspot.com.es/2013/05/casa-batllo-antonio-gaudi.html

Gaudí también incorporó gran cantidad de fijos acristalados en las puertas de distribución interior y en las ventanas —tanto en la fachada, como en el patio interior— con el objeto de aumentar la superficie acristalada y la luminosidad del edificio.

En la Casa Milá, el acceso a las viviendas se articula a través de dos grandes patios interiores extraordinariamente grandes —en comparación con los patios interiores de los edificios diseñados por los arquitectos de la época—, lo que permite una amplia iluminación para todos los pisos. Además, las ventanas también van agrandándose progresivamente en las plantas inferiores, para compensar la menor cantidad de luz que reciben. Estos perfeccionamientos suponen una innovación magistral de Gaudí, para el mejor aprovechamiento de la luz y la energía solar.

Figura 15. Patios de la Casa Milá
Fuente: C. Salas Mirat (exposición Espai Gaudí en Barcelona)

Por otro lado, Gaudí incorpora otra gran innovación en el diseño estructural de la Casa Milá. En el nuevo diseño, la fachada ya no es un pesado muro de carga de gran espesor, como era habitual en los edificios de la época[61].

La innovadora estructura metálica —a base de jácenas y pilares— que sustenta el edificio, permite que, en los muros de cerramiento de la fachada, al no ser estructurales, se puedan abrir grandes ventanales, para modular el aprovechamiento de la luz y la energía solar. Además, en algunos balcones el suelo es acristalado, para permitir el paso de luz a los pisos inferiores[62].

---

[61] Adell-Argilés, J. (2000). *Arquitectura sin fisuras*, Munilla-Lería, Madrid, p. 25.
[62] Collins, G. R. (1966). *Antonio Gaudí*, Bruguera, Barcelona, p. 23.

7.1.4. Iluminación natural en otras obras de Gaudí

En la Casa Botines y en el Palacio Episcopal de Astorga, Gaudí diseñó un foso exterior rodeando el edificio, con la finalidad de ventilar e iluminar el sótano. Este es un perfeccionamiento insólito para los edificios de la época.

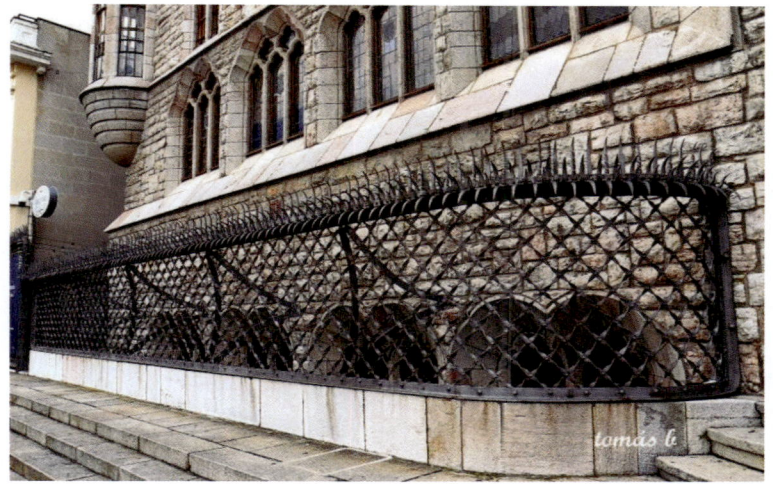

Figura 16. Foso exterior de ventilación e iluminación del sótano de la Casa Botines
Fuente: tomas-misfotos.blogspot.com/2019/04/casa-botines-leon.html

En la época de Gaudí, los sótanos y semisótanos de los edificios eran, habitualmente, estancias apenas ventiladas e iluminadas; sin embargo, Gaudí, en todos sus edificios, diseña estrategias pasivas de ventilación e iluminación natural. Además, en la Casa Botines, las torres de las cuatro esquinas del edificio funcionan como lucernarios, para que dichas esquinas no sean zonas oscuras, mal ventiladas y en las que no se pueda aprovechar la energía solar.

Figura 17. Patio interior de la Casa Botines
https://www.casabotines.es/la-casa/

Además, en la Casa Botines, Gaudí diseño los patios de una forma, también, muy peculiar e innovadora. Las fachadas del patio van retranqueándose, progresivamente, en cada planta, de forma que el patio va ampliándose hasta la cubierta, con el objeto conseguir un efecto embudo y captar una mayor cantidad de luz y energía solares[63].

7.2. La ventilación natural (estrategia energética)

Gaudí utilizaba, en muchos de sus edificios, la ventilación natural como estrategia bioclimática para aumentar el confort y la salubridad de los usuarios, mejorando la calidad del aire, regulando la humedad y refrescando las estancias en verano.

En el patio interior de la Casa Batlló, hay ventanas de doble uso: la parte superior para iluminación y la parte inferior para ventilación[64].

---

[63]   Giordano, C. & Palmisano, N. (2011). *Guía visual de la obra completa de Antoni Gaudí*, Dos de Arte Ediciones, Barcelona, p. 119.

[64]   Giordano, C. & Palmisano, N. (2011). *Un edificio transformado en obra de arte, Casa Batlló*, Dos de Arte Ediciones, Barcelona, p. 56.

El edificio está dotado de un sistema de control de la ventilación cruzada de las viviendas, mediante palancas de regulación del caudal de entrada y salida de aire, en puertas y ventanas, sumamente innovador para la época. El patio funciona como una gran chimenea de ventilación natural[65].

Figura 18. Sistemas de regulación de ventilación de la Casa Batlló
Fuente: C. Salas Mirat

Además, en el gran ventanal del Paseo de Gracia, los mecanismos de subida y bajada de las hojas —de tipo guillotina— están accionados mediante contrapesos, sin jambas ni montantes, de manera que al levantar todas las cristaleras se obtiene una abertura panorámica, en toda la anchura del salón y, por tanto, una gran superficie de ventilación[66].

---

[65] Usón Guardiola, E. & Cunill de la Puente, Eulalia (2004). *Dimensiones de la sostenibilidad*, Ediciones UPC, Barcelona, p. 73.

[66] Bassegoda Nonell, J. (1989). *El gran Gaudí*, Ausa, Sabadell, p. 488.

Figura 19. Ventanal de la Casa Batlló
https://www.alessandraluciani.it/?p=1101

Como se ha explicado anteriormente, Gaudí incorporaba siempre sistemas de ventilación en los sótanos de sus edificios, algo inusual en aquella época. En el Palacio Güell se consigue una eficaz ventilación natural cruzada, gracias al patio interior y a unas aberturas de ventilación en la fachada opuesta[67].

Figura 20. Aberturas de ventilación del sótano del Palacio Güell
Fuente: C. Salas Mirat

---

[67]   Martinell Brunet, C. (1967). *Gaudí: su vida, su teoría, su obra*, Colegio de Arquitectos de Cataluña y Baleares, Barcelona, p. 250.

7.3. Acondicionamiento climático (estrategia energética)

A Gaudí le preocupaban mucho las condiciones del ambiente interior de los edificios y, al mismo tiempo, el ahorro de energía y el aprovechamiento de los recursos naturales. Por ello, estudia detenidamente la climatología de la zona y la forma de acondicionar adecuadamente sus edificios.

En la Casa Batlló, los innovadores sistemas de ventilación del edificio, explicados anteriormente —como el control de la ventilación cruzada, mediante palancas de regulación del caudal de aire en puertas y ventanas— combinados con sistemas bioclimáticos —como el cerramiento acristalado del patio para la captación de energía solar, o los conductos de aportación de aire fresco del sótano— configuran un extraordinario sistema de climatización natural regulable[68]:

7.3.1. Aislamiento térmico

Gaudí estudia la forma de conseguir el aislamiento térmico de sus edificios y, especialmente, en las zonas más expuestas al frío y al calor, como son las azoteas y cubiertas. Decía frecuentemente que la cubierta tenía que ser «sombrero y sombrilla», para referirse a que tenía que ser doble[69].

En la Casa Milá, Gaudí diseñó la planta ático para que actuara como cámara aislante frente al frio y al calor del exterior:

> Con un sistema de ventilación compuesto por dos tipos de ventanas, las pequeñas en la parte alta de las paredes y las grandes en la parte baja, que debían abrirse en verano para crear corriente de aire y cerrarse en invierno para conservar el microclima generado por el sol y los ladrillos[70].

---

[68] Usón Guardiola, E. & Cunill de la Puente, Eulalia (2004). *Dimensiones de la sostenibilidad*, Ediciones UPC, Barcelona, pp. 73-75.

[69] Bassegoda Nonell, J. (1989). *El gran Gaudí*, Ausa, Sabadell, p. 330.

[70] Giordano, C. & Palmisano, N. (2011). *La última obra civil de Gaudí, La Pedrera, Casa Milá*, Dos de Arte Ediciones, Barcelona, p. 88.

Figura 21. Planta ático de la Casa Milá (cámara aislante)
Fuente: C. Salas Mirat

En El Capricho de Comillas —localidad cántabra muy alejada del benigno clima mediterráneo— los ventanales de la fachada norte son de doble cristalera, con el objeto de mejorar el aislamiento térmico de las estancias. Este perfeccionamiento es algo prácticamente insólito para la arquitectura de la época[71].

Figura 22. Ventanales con doble cristalera en El Capricho
Fuente: www.cosasdearquitectos.com/2014/03/
la-idea-arquitectonica-de-gaudi-y-sus-inicios-en-el-capricho/

---

[71] Sama García, A. (2014). *El manifiesto del girasol. Una obra maestra de Gaudí: El Capricho de Comillas*, Ediciones Universidad de Cantabria, Santander, p. 52.

7.3.2. Sombreamiento y soleamiento

Podría decirse que la fuente de energía más asequible, renovable y no contaminante es el sol; por ello, es fundamental el estudio detallado del sombreamiento y el soleamiento en el diseño arquitectónico.

La incidencia del sol, en función de la orientación del edificio, es muy importante para Gaudí y la estudia detalladamente en todas sus obras.

Su preocupación por el control solar derivó en ingeniosas soluciones para los huecos de fachada como, por ejemplo:

> La galería del Palacio Güell (1886-1888), con control de las lamas desde el interior mediante engranajes, cadenas y ruedas de gusano, o las galerías de la Casa Calvet (1898-1900), en la fachada al patio de manzana, con persianas de librillo guiadas con un pasamanos ondulado, a semejanza de la patente francesa Cheyne[72].

En 1906, Gaudí instala en la Casa Batlló las primeras persianas enrollables mecanizadas desde el interior[73]. Posteriormente, en la Casa Milá, además, incluirá un ingenioso sistema de proyección de los faldones hacia el exterior y doble persiana con doble tambor, para multiplicar las posibilidades de control solar, ventilación e iluminación:

> Gaudí propone, no solamente la proyección de los faldones dividiendo la guía, para que pueda realizarse el movimiento de compás por encima de la barandilla, sino que dobla la persiana: el hueco dispone de dos persianas independientes, cada una con sus sistemas de cinta y bombo[74].

---

[72]   Martí, N. & Araujo, R. (2015). La persiana enrollable. Revisión del sistema constructivo y sus requisitos medioambientales, *Informes de la Construcción*, vol. 67, no. 540 octubre-diciembre, p. 6.

[73]   Martí, N. & Araujo, R. (2015). La persiana enrollable. Revisión del sistema constructivo y sus requisitos medioambientales, *Informes de la Construcción*, vol. 67, no. 540 octubre-diciembre, p. 9.

[74]   Martí, N. & Araujo, R. (2015). La persiana enrollable. Revisión del sistema constructivo y sus requisitos medioambientales, *Informes de la Construcción*, vol. 67, no. 540 octubre-diciembre, p. 9.

La preocupación de Gaudí por el aprovechamiento de la energía solar es paradigmática en El Capricho. En este edificio, Gaudí diseña una vivienda en forma de «U», que rodea un invernadero orientado hacia el sur. De esta forma, consigue aprovechar con gran efectividad los escasos rayos de sol de esta localidad de Cantabria, e introducirlos en la vivienda, para captar la energía térmica producida por el efecto invernadero[75].

Figura 23. Invernadero de El Capricho
Fuente: http://www.reharq.com/2013/05/el-capricho-de-gaudi-comillas-cantabria.html

El sentido último de la forma de la vivienda es conseguir la máxima captación de energía solar, a través del invernadero, pues cada habitación está dispuesta —con respecto a esta fuente de energía— de la forma más apropiada a sus funciones y usos[76].

---

[75]   Giordano, C. & Palmisano, N. 2011, *Guía visual de la obra completa de Antoni Gaudí*, Dos de Arte Ediciones, Barcelona, p. 28.

[76]   Sama García, A. (2014). *El manifiesto del girasol. Una obra maestra de Gaudí: El Capricho de Comillas*, Ediciones Universidad de Cantabria, Santander, p. 40.

Para Antonio Sama García, los girasoles de los azulejos que decoran el edificio son el símbolo de una arquitectura solar, diseñada en función del sol, a semejanza de estas plantas heliotrópicas —que se orientan según la posición del sol— y, por lo tanto, El Capricho es una arquitectura heliotrópica[77].

---

[77] Sama García, A. (2014). *El manifiesto del girasol. Una obra maestra de Gaudí: El Capricho de Comillas*, Ediciones Universidad de Cantabria, Santander, p. 40.

8

Trabajo decente y crecimiento económico

Objetivo de Desarrollo Sostenible de la ONU

En los últimos años la productividad laboral ha aumentado y, también, se ha conseguido reducir las tasas de desempleo, pero sigue habiendo dificultades laborales en grupos de edad más jóvenes o mayores de 50 años.

Hay que avanzar en conseguir para todas las personas, hombres, mujeres, jóvenes..., un trabajo estable que sea digno y proporcione unos ingresos suficientes para un nivel de vida acorde con la sociedad en la que se sitúe. Esto es lo que se llama trabajo decente. En la página web de Naciones Unidas, se puntualiza que:

> Para solucionar estos problemas es necesario invertir en educación y formación de la mayor calidad posible, ajustar la formación de los jóvenes a las necesidades del mercado laboral, darles acceso al sistema de protección social y a los servicios básicos independientemente del tipo de contrato que tengan.

Iniciativas de Desarrollo Sostenible promovidas por Gaudí

A Gaudí le preocupaba mucho el bienestar y las condiciones de trabajo de sus obreros y demás ayudantes y colaboradores. Se preocupaba por su situación económica, por su salud, por sus condiciones de trabajo y por otras cuestiones personales o familiares que les pudieran afectar.

Cuando había algún trabajador enfermo, Gaudí hacía que se le procuraran los medios necesarios para su cuidado y acudía frecuentemente a visitarles, acompañado de sus ayudantes[78].

Por todo ello, sus obreros y colaboradores sentían gran afecto por él y, al mismo tiempo, se esmeraban en su trabajo:

> Sus obreros sentían por él especial veneración; se identificaban materialmente con él, y se convertían en una prolongación del maestro en la ejecución de sus proyectos. Gaudí nunca los abandonó en el momento supremo de la vida, y los visitaba en sus enfermedades...[79].

Según las investigaciones de Manuel Medarde Sagrera, Gaudí pone en práctica procedimientos de control de calidad, organización del trabajo y seguridad e higiene que, pueden considerarse innovaciones revolucionarias para la época. Gaudí realiza labores de coordinador de seguridad y salud en las obras, y cuida la seguridad e higiene industrial —disponiendo que en las obras haya botiquines, vestuarios, lavabos y duchas— y otras muchas medidas[80].

---

[78]   Matamala Flotats, J. (2011). *Antoni Gaudí. Mi itinerario con el arquitecto*, Editorial Claret, Barcelona.

[79]   González-Cremona, J. M. (2017). *Hacia la Beatificación de Antoni Gaudí, desde 1992*, Asociación pro Beatificación de Antoni Gaudí, Barcelona, p. 179.

[80]   Según consta en la recopilación de notas y escritos, no publicados, que me fue entregada el 19 de febrero de 2022, por D. Manuel Medarde, en la visita al TGRI (The Gaudí Research Institute) y la Colonia Güell, a la que fui invitado. Tras largos años de minucioso trabajo de estudio e investiga-

A modo de ejemplo, en el taller de los picapedreros, Gaudí recomendaba siempre tomar precauciones y utilizar medidas de seguridad como, por ejemplo[81]:

- Ponerse un pañuelo en la boca, como mascarilla, y humedecer continuamente la piedra, para no aspirar polvo.
- Maniobrar utilizando siempre palancas y rodillos, aun en los cortos desplazamientos, para aminorar esfuerzos.
- Y otras medidas de seguridad que, en aquel momento, no eran habitualmente empleadas.

Pero, podría decirse que, la preocupación de Gaudí por sus trabajadores iba mucho más allá. Como en aquella época no había jubilación, cuando los obreros alcanzaban edades avanzadas, les destinaba a trabajos fáciles como encender los faroles, ir a buscar agua con los botijos, preparar «cocas» de cáñamo, etc. Según narra Juan Matamala Flotats, había dos ancianos dedicados a estas tareas que, de vez en cuando, debido a su edad, dormitaban un poco y, hasta se oían leves ronquidos; al parecer Gaudí, en una ocasión, al ser consciente de ello, dijo a uno de sus colaboradores: «Llevan mucho camino recorrido en el templo, cuando no sean precisos, haga que les dejen descansar. Ya llegará un día para nosotros el mismo turno»[82].

Además, Gaudí proporcionaba gran estabilidad laboral a los industriales, albañiles y artesanos que trabajaban con él, los cuales,

---

ción de la vida y obra de Gaudí, D. Manuel con 88 años de edad sigue acudiendo cada día a trabajar al TGRI, con gran ilusión.

[81] Matamala Flotats, J. (2011). *Antoni Gaudí. Mi itinerario con el arquitecto*, Editorial Claret, Barcelona.

[82] Matamala Flotats, J. (2011). *Antoni Gaudí. Mi itinerario con el arquitecto*, Editorial Claret, Barcelona.

normalmente, eran siempre los mismos en todas las obras[83]. Gaudí tenía un trato humano con ellos y, por eso, le tenían afecto y respeto[84].

Como se ha explicado anteriormente —en el pto. 4, Educación de Calidad— a Gaudí también le preocupaba el futuro de los hijos de los trabajadores y, por ello, en las obras del Templo de la Sagrada Familia, las escuelas fueron financiadas por él, para que pudieran estudiar gratuitamente los hijos de los obreros[85]. Gaudí sabía que el crecimiento económico y el poder tener un trabajo decente depende mucho de la educación y la formación.

Figura 24. Escuelas de la Sagrada Familia
http://www.gypsynester.com/gaudi.htm

---

[83] Bassegoda Nonell, J., Bassegoda Musté, B. & Lloveras Montserrat, J. (1992). *Aproximación a Gaudí*, Doce Calles, Madrid, p. 267.

[84] Matamala Flotats, J. (2011). *Antoni Gaudí. Mi itinerario con el arquitecto*, Editorial Claret, Barcelona.

[85] Cussó Anglés, J. (2010). *Disfrutar de la naturaleza con Gaudí y la Sagrada Familia*, Milenio, LLeida, p. 40.

9

Industria, innovación
e infraestructura

Objetivo de Desarrollo Sostenible de la ONU

Se debe innovar en la construcción de infraestructuras, para que sean más sostenibles y para que el desarrollo de la industria dañe lo menos posible al medio ambiente.

En la mayoría de los países, la industria manufacturera es la que sustenta a la mayoría de su población y es considerada uno de los motores del crecimiento económico global. Esta industria ha venido experimentando un declive constante en los últimos años debido a la imposición de aranceles comerciales, impuestos como medidas de protección entre los distintos países.

El panorama mundial es muy distinto en la vieja Europa y Norteamérica frente a los países menos adelantados. En Asia se han realizado progresos considerables, sin embargo, en **África los avances son más lentos. Las industrias tecnológicas tienen que mejorar sus tasas de crecimiento en todos ellos.**

Se debe invertir en infraestructuras —transporte, regadío, energía y tecnologías de la información y la comunicación— en los países menos adelantados para alcanzar el desarrollo de las tecnologías.

En la página web de Naciones Unidas, se dice que: «debemos establecer normas e impulsar regulaciones que garanticen que los proyectos e iniciativas de las empresas se gestionan de forma sostenible».

Iniciativas de Desarrollo Sostenible promovidas por Gaudí

La preocupación de Gaudí por el bienestar de los usuarios de los edificios e infraestructuras que diseña, así como de los trabajadores a su cargo, le llevan a mantener una constante actitud de búsqueda, investigación e innovación.

Como ya se ha explicado anteriormente, según las investigaciones de Manuel Medarde Sagrera, Gaudí realiza importantes innovaciones en el ámbito de la ejecución de obras, con referencia al control de calidad, la organización del trabajo y la seguridad e higiene en el trabajo[86]: «En cada obra, tenemos un Gaudí distinto que evoluciona, ensaya y aplica experiencias anteriores readaptándolas o creando nuevas metodologías y ensayando nuevos materiales o soluciones técnicas innovadoras».

Según Medarde, la Colonia Güell fue durante 29 años un laboratorio de ensayos para las futuras innovaciones de Gaudí como, por ejemplo, la innovadora maqueta estero funicular para el diseño y cálculo de estructuras arbóreas ramificadas.

---

[86] Según consta en la recopilación de notas y escritos, no publicados, que me fue entregada el 19 de febrero de 2022, por D. Manuel Medarde, en la visita al TGRI (The Gaudí Research Institute) y la Colonia Güell, a la que fui invitado. Tras largos años de minucioso trabajo de estudio e investigación de la vida y obra de Gaudí, D. Manuel con 88 años de edad sigue acudiendo cada día a trabajar al TGRI, con gran ilusión.

Figura 24. Maqueta funicular de la Iglesia de la Colonia Güell
Fuente: www.viajesconmitia.com/2010/03/02/
templo-expiatorio-de-la-sagrada-familia/

En la Cripta de la Colonia Güell, Gaudí buscó soluciones a problemas de ventilación, acústica e iluminación que se le habían presentado en otros edificios.

Para la ventilación, construye una cámara de aire que aísla el suelo del terreno y recircula continuamente el mismo, mediante aberturas en los muros perimetrales y una gran columna que actúa de chimenea, regulando la temperatura y la humedad de forma natural y sin consumo de energía. La acústica la soluciona con el diseño y las dimensiones de los espacios, teniendo en cuenta la velocidad de propagación del sonido (de 330 metros por segundo) para evitar el eco y la reverberación. En cuanto a la luz, las 22 ventanas abocinadas y sus tejadillos superiores están diseñadas con precisión astronómica para aprovechar la luz solar al máximo, en cualquier época del año y a cualquier hora del día; el ángulo del intradós de los tejadillos es el ángulo máximo de inclinación del plano de la elíptica en el solsticio de verano[87].

---

[87] Según consta en la recopilación de notas y escritos, no publicados, que me fue entregada el 19 de febrero de 2022, por D. Manuel Medarde, en la

85

Figura 25. Diseño innovador de la Cripta de la Colonia Güell
Fuente: C. Salas Mirat

Además, Gaudí pone en marcha, en sus obras, otros sistemas industriales innovadores que, años más tarde, serán reconocidos y empleados de forma habitual como, por ejemplo:

- La gestión de «stock» de materiales fue muy importante tras la segunda guerra mundial, para levantar los tejidos productivos. Gaudí pone en marcha, en sus obras, el sistema de gestión de stock para comprar los materiales justos, sin sobras ni mermas, cubriendo un mes de trabajo como máximo y llevando un estricto control de consumo.
- Los controles de calidad en el producto, como la ISO 9001, son sistemas de gestión muy eficientes, de finales del siglo XX, que intentan garantizar la satisfacción del cliente. Gaudí, en su época, ya realiza ensayos de control de calidad y resistencia de los

---

visita al TGRI (The Gaudí Research Institute) y la Colonia Güell, a la que fui invitado. Tras largos años de minucioso trabajo de estudio e investigación de la vida y obra de Gaudí, D. Manuel —con 88 años de edad— sigue acudiendo cada día a trabajar al TGRI, con gran ilusión.

materiales que utiliza, en el laboratorio general de ensayos de la Universidad Industrial de Cataluña.

- El reciclaje y la reutilización de residuos es fundamental, hoy en día, en todos los sistemas productivos y por ello, se ha desarrollado una estricta normativa. Tal como se detallará en el ODS nº12 (producción y consumo responsables), Gaudí fue pionero en el reciclaje y reutilización de residuos de materiales.

10

Reducción de las desigualdades

Objetivo de Desarrollo Sostenible de la ONU

Existen muchos tipos de desigualdad. Estas pueden ser por razones de ingresos, sexo, edad, discapacidad, raza, religión...

Es muy importante combatir esas desigualdades, puesto que, eso favorece el desarrollo social y económico, a largo plazo, y reduce la pobreza y el hambre en el mundo.

Desde los marcos legislativos de las distintas instituciones, se debe fomentar la igualdad entre los ciudadanos y el acceso a la educación, a la sanidad pública y al trabajo para todas las personas. Las políticas económicas y sociales deben ser universales y prestar especial atención a las necesidades de las comunidades más vulnerables.

Es necesario, también, que los países menos desarrollados tengan mejor representación en foros de tomas de decisiones globales, para subsanar las grandes diferencias existentes con los países más desarrollados. Se debe tomar especial atención a los movimientos migratorios causados por la huida de la pobreza o de los conflictos bélicos.

Iniciativas de Desarrollo Sostenible promovidas por Gaudí

Tal como se ha explicado en los puntos anteriores, Gaudí intentó la reducción de las desigualdades sociales con los medios materiales, humanos y técnicos que tenía a su alcance. Concretamente, los puntos ya explicados que hacen referencia a la reducción de las desigualdades sociales son los que se refieren a los siguientes Objetivos de Desarrollo Sostenible:

- Fin de la pobreza.
- Hambre cero.
- Salud y bienestar.
- Educación de calidad.
- Igualdad de género.
- Trabajo decente y crecimiento económico.

Podría decirse que Gaudí, ya desde joven, sintió preocupación por las condiciones de vida de los trabajadores:

> Sus primeras inquietudes las plasmó, arquitectónicamente, en la Cooperativa Obrera Mataronense, la primera fábrica propiedad de sus obreros que hubo en España. Pronto se percató de que las agudas contradicciones sociales de su tiempo no podrían hallar solución en los mesianismos materialistas[88].

---

[88] Associació pro Beatificació d'Antoni Gaudí. (2007). *Gaudí Arquitecto de Dios 1852-1926*. Barcelona: Associació pro Beatificació d'Antoni Gaudí.

Figura 26. Cooperativa Obrera Mataronense
Fuente: https://www.arquitecturacatalana.cat/es/obras/
nau-a-la-cooperativa-obrera-mataronense

Más adelante, Gaudí fue desarrollando su sensibilidad hacia la problemática social de la época:

> Gaudí, sensible a la problemática social de su época, especialmente en cuanto a las condiciones laborales y de vida de los obreros, tomó nota de las enseñanzas que sobre la cuestión social le ofrecía uno de los principales teóricos de la España finisecular como era el Obispo Grau[89].

Finalmente, esta preocupación de Gaudí por la problemática social de la época, quedó reflejada en algunos proyectos importantes, como en la Colonia Güell:

---

[89] **Álvarez Fernández, J. (2023).** *Palacio Gaudí Astorga* Palacio de Gaudí de Astorga.

Otras innovaciones sociales para los trabajadores y sus familias son las que llevó a término en la Colonia Güell, donde las casas de los obreros y la fábrica estaban al lado, constituyendo un núcleo de población con personalidad propia (...) adoptando medidas socio sanitarias, de habitabilidad y sostenibilidad, educativas y religiosas[90].

[90] **Álvarez Fernández, J. (2023).** *Palacio Gaudí Astorga* Palacio de Gaudí de Astorga.

11

Ciudades y comunidades sostenibles

Objetivo de Desarrollo Sostenible de la ONU

Se debe conseguir que las ciudades y pueblos sean más sostenibles, necesiten menor consumo de recursos de la Tierra y dañen lo menos posible al planeta. Todo ello mejora la vida de los ciudadanos y generan estabilidad social.

Cada vez es mayor la población que vive en ciudades y se estima que, en 2050, el 70 % de la población mundial vivirá en ellas. Muchas de las personas viven en barrios marginales sin infraestructuras ni servicios adecuados. El crecimiento de las ciudades debe ser ordenado y evitar las emisiones de CO_2.

El urbanismo que permite la construcción de espacios públicos abiertos, parques y jardines, favorece ciudades y comunidades más sostenibles. Por otro lado, las ciudades son más vulnerables ante las catástrofes naturales y el cambio climático.

Iniciativas de Desarrollo Sostenible promovidas por Gaudí

La arquitectura y el urbanismo son fundamentales para la calidad de vida de las personas y para lograr el objetivo de conseguir ciudades y comunidades sostenibles; por ello, es una tarea fundamental de los arquitectos diseñar edificios y entornos urbanos sostenibles.

La arquitectura de Gaudí, sus edificios y los entornos urbanos que diseñó —como el Parque Güell o la Colonia Güell— contribuyeron también a generar una ciudad más sostenible.

Tal como se explica en el pto. 6 (agua limpia y saneamiento), el Parque Güell —concebido como una urbanización residencial de viviendas— es un gran captador de agua de lluvia limpia, destinado a apoyar la reforestación de un entorno urbano en estado de desertización[91].

Además, el Parque Güell es un gran ejemplo de sostenibilidad económica —por el ahorro de materiales de construcción— y de sostenibilidad medioambiental —por la disminución de emisiones de CO_2 de transporte de materiales—, puesto que, el propio solar de la finca fue la cantera de piedra y pizarra empleada en la construcción de la muralla, los viaductos y demás elementos[92].

Una premisa fundamental de la sostenibilidad es el uso de materiales de construcción obtenidos del entorno próximo y, en ese sentido, el propio Gaudí afirmó: «El objeto es aumentar y hacer cómodas las comunicaciones de los diversos lugares del Parque, utilizando únicamente los mismos materiales del terreno»[93].

[91] da Silva, C. (2007). *Park Güell: arquitectura conformada por el agua: gestión hídrica para la reforestación de la Montaña Pelada en Barcelona*

[92] Giordano, C. & Palmisano, N. (2010). *El proyecto Park Güell*, Dos de Arte Ediciones, Barcelona, p. 37.

[93] Puig Boada, I. (2015). *El pensamiento de Gaudí*, Dux, Barcelona, p. 134.

Figura 30. Piedra empleada en los viaductos del Parque Güell
Fuente: http://www.sitiosdebarcelona.net/wp-content/
uploads/2012/07/viaducto-inferior.jpgl

En el Parque Güell, Gaudí concibió todas las viviendas orientadas al sur y escalonadas, para recibir el máximo de luz solar. En ese sentido, el Parque Güell también es ejemplo de sostenibilidad económica —por el ahorro de energía en la climatización e iluminación de las viviendas— y de sostenibilidad medioambiental, por la disminución de emisiones de CO_2 a la atmósfera, que ello supone.

También cabe mencionar que, en el Parque Güell —situado en la denominada «Muntanya Pelada» (Montaña Pelada) del barrio del Carmelo de Barcelona— la vegetación estaba constituida por hierbas y arbustos. Su matriz geofísica —con pronunciadas pendientes y substrato rocoso— favorecía los procesos erosivos que impiden la formación de suelo para albergar vegetación. Sin embargo, Gaudí insistió en conservar los pinos, algarrobos y matorrales existentes, añadiendo otras especies autóctonas, para crear un entorno natural resistente —evitando la utilización de pesticidas y abonos químicos contaminantes— y con pocos requerimientos de agua. Se plantaron más algarrobos junto con romero, tomillo, retama, pitas, palmeras, yedra y glicinias[94]. La protección del entorno natural, la vegetación y el paisaje, es una parte fundamental de la sostenibilidad medioambiental.

Por otro lado —como se ha señalado en el punto anterior— la Colonia Güell fue un ambicioso diseño urbano, que puede considerarse modelo de sostenibilidad social, por la calidad del diseño de las viviendas, para los obreros, y los numerosos equipamientos sociales de que disponía.

---

[94] Bassegoda Nonell, J. (1989). *El gran Gaudí*, Ausa, Sabadell, p. 420.

12

Producción y consumo responsables

Objetivo de Desarrollo Sostenible de la ONU

No tenemos derecho a agotar los recursos naturales del planeta, porque las generaciones futuras también tienen derecho a disponer de ellos, en el futuro. Lo contrario sería un gran egoísmo e irresponsabilidad.

Debemos conseguir cambiar los hábitos de consumo de la población, sobre todo en las sociedades más avanzadas, para disminuir los consumos energéticos y utilizar sistemas de producción de energía más sostenibles. En este ámbito los avances tecnológicos están dando sus frutos; los motores de combustión, ahora, son mucho más eficientes y menos contaminantes.

Por otro lado, el desperdicio de alimentos es un problema que es urgente abordar, unido a las toneladas de envases nocivos que se tiran con ellos. En países algunos occidentales los bancos de alimentos hacen una gran labor de recogida de excedentes de alimentos para las poblaciones más desfavorecidas.

Es muy importante el consumo responsable, para reducir la generación de residuos, y el fomento de prácticas de economía circular, que diseña productos más duraderos y reparables. Es muy importante la reutilización y reciclaje de todo tipo de productos.

En definitiva, es importante adoptar un estilo de vida que requiera un menor consumo de recursos, de energía y de impacto ambiental. Es decir, un estilo de vida más sostenibles.

Iniciativas de Desarrollo Sostenible promovidas por Gaudí

Hoy en día, la construcción de edificios consume, aproximadamente, el 40 % de los recursos naturales extraídos y el 40 % de la energía, produciendo entre el 30 % y el 65 % de los residuos enviados a vertederos y el 40 % de las emisiones de gases de efecto invernadero. Esto convierte a la construcción en una de las actividades menos sostenibles del planeta, por su enorme impacto medioambiental.

Teniendo en cuenta todo esto, la producción y consumo responsables —especialmente en el ámbito de la construcción— debe incluir la reutilización y el reciclaje de residuos.

Gaudí fue pionero en la reutilización y reciclaje de residuos de construcción procedentes de desecho o demolición. Algo que, en aquella época, era incomprendido e incluso criticado.

Es muy conocido su empleo de trozos de vidrio o azulejo en el revestimiento de fachadas. Técnica popularmente conocida como «trencadís».

El material «procedía, mayoritariamente, de depósitos sobrantes y defectuosos de fábricas de cerámica»[95]. Otras veces, buscaba industrias o negocios que le facilitaran los desechos, como la Vidriería Pelegrí de Barcelona, que le proporcionaba restos de cristales de colores.

---

[95]   Aguado Martínez, M. L., Ribas Seix, A. & Hosta Calderer, C. (2002). La restauración de los pabellones de entrada del Park Güell, *Informes de la construcción*, vol. 54, no. 481/482 septiembre-octubre/noviembre-diciembre, p. 26.

Figura 31. Desechos de vidrio empleados en las chimeneas
de la Casa Milá
Fuente: C. Salas Mirat

Juan Matamala Flotats (escultor de la Sagrada Familia) dejó testi-
monio de que —tanto en la Sagrada Familia como en la Casa Milá o
el Parque Güell— los albañiles tenían la orden de recoger todas las
botellas, platos o tazas, que encontraran en la basura, camino de sus
casas, para entregárselos a Jujol, que los empleaba en la confección
de los mosaicos[96].

---

[96] Bassegoda Nonell, J. (1989). *El gran Gaudí*, Ausa, Sabadell, p. 415.

Figura 50. Balcones de la Casa Milá (realizados con
chatarra de desguace)
Fuente: www.pasarlascanutas.com/gaudi/casa_mila_la_pedrera/
casa_mila.htm

En la Casa Milá, las barandillas de los balcones de fachada están realizadas con planchas, cadenas, mallas, perfiles, tornillos y otros elementos de chatarra para desguace, que Gaudí seleccionaba y reciclaba para su trabajo[97].

En el revestimiento exterior de la aguja cónica del Palacio Güell, Gaudí empleó pequeños fragmentos de piedra arenisca roja vitrificada, procedentes de las paredes interiores de los hornos de cal, ya inservibles, situados en los terrenos de los Güell en el macizo de Garraf[98].

Para las rejas de los ventanales de la Cripta de la Colonia Güell, se reciclaron agujas inservibles de los telares de la fábrica. En los muros, Gaudí utilizó ladrillos «recochos» de desecho —demasiado quemados, retorcidos o alabeados—, escoria y residuos de fundición.

[97]   Giordano, C. & Palmisano, N. (2011). *La última obra civil de Gaudí, La Pedrera, Casa Milá*, Dos de Arte Ediciones, Barcelona, p. 44.

[98]   González Moreno-Navarro, A. & Lacuesta Contreras, R. (2013). *Palacio Güell Gaudí, itinerario de visita*, Diputación de Barcelona, Barcelona, p. 121.

Los bancos de la Cripta de la Colonia Güell fueron realizados reciclando las tablas de roble de los embalajes de maquinaria de la fábrica.

Figura 51. Banco de la Cripta de la Colonia Güell
Fuente: www.gaudicoloniaguell.org/es/cripta-gaudi

Al templo de la Sagrada Familia llegaban, habitualmente, carros con los desperdicios de los hornos de ladrillo —fundamentalmente ladrillos recochos— que se utilizaban para el relleno de los machones de las torres[99].

---

[99]   Matamala Flotats, J. (2011). *Antoni Gaudí. Mi itinerario con el arquitecto,* Editorial Claret, Barcelona.

13

Acción por el clima

Objetivo de Desarrollo Sostenible de la ONU

Relacionado con el objetivo anterior, es muy importante luchar contra el cambio climático que se está produciendo en nuestro planeta, puesto que sus consecuencias pueden ser devastadoras.

Un calentamiento global por encima de 3 ºC traería como consecuencia una subida del nivel del mar y la inundación de grandes extensiones de terreno de zonas pobladas, con migraciones masivas de efecto devastador.

Los países firmantes del Acuerdo de París en 2015 se comprometieron a tomar medidas para hacer frente al cambio climático y deben cumplir sus promesas. Las empresas y los ciudadanos en las medidas de sus posibilidades también deben tomar medidas para reducir las emisiones.

Iniciativas de Desarrollo Sostenible promovidas por Gaudí

Actualmente, el cambio climático está considerado como el principal problema medioambiental de la humanidad y se origina por la acumulación de gases de efecto invernadero en la atmósfera —como el dióxido de carbono (CO_2)— que son capaces de elevar la temperatura del planeta y de modificar su equilibrio climático, pudiendo ocasionar gravísimas consecuencias[100].

Como se ha explicado anteriormente, hoy en día, la construcción de edificios produce, aproximadamente, el 40 % de las emisiones de gases de efecto invernadero. Esto convierte a la construcción en una de las actividades más contaminantes del planeta.

Además, los sistemas de climatización, ventilación, iluminación, etc., de los edificios que se diseñan y construyen —su eficiencia energética, bioclimatismo, etc.— determinan el consumo de energía de dichos edificios, durante su vida útil y, por tanto, sus emisiones de gases de efecto invernadero.

En ese sentido, tal como se ha explicado en los puntos 7, 9, 11 y 12, el diseño arquitectónico y los sistemas constructivos empleados por Gaudí estaban pensados para mejorar la eficiencia energética de los edificios, aprovechar los recursos naturales, ahorrar en la producción y transporte de materiales de construcción o reutilizar y reciclar residuos industriales y de la construcción, entre otras muchas cosas.

---

[100] Macías, M. & Equipo técnico de GBC España (Andrés, S., Diez, R., Rivas, P., Tumini, I.) (2013). *Guía informativa: VERDE un método de evaluación ambiental de edificios,* Green Building Council España (GBCe), Madrid.

Figura 52. El Capricho: ejemplo de bioclimatismo
Fuente: https://solozabal.com/el-capricho-de-gaudi/

Se puede afirmar que, todas estas medidas —ideadas y puestas en marcha por Gaudí en sus obras— eran y, siguen siendo hoy en día, las medidas más eficaces para disminuir las emisiones de CO_2 a la atmosfera y reducir el cambio climático.

14

Vida submarina

Objetivo de Desarrollo Sostenible de la ONU

La Humanidad solo podrá vivir en este planeta si se utilizan, de forma sostenible, los océanos, los mares y los recursos marinos.

Los océanos y mares proporcionan al hombre recursos naturales fundamentales como alimentos, medicinas o biocombustibles. Además, ayudan a descomponer y eliminar los residuos y a reducir la contaminación; nos proporcionan gran parte del oxígeno que necesitamos para respirar y constituyen el mayor sumidero de carbono del planeta.

Los ecosistemas costeros son fundamentales para reducir los daños causados por las tormentas y las inundaciones, evitando catástrofes naturales.

La actividad humana está dañando, gravemente, los ecosistemas marinos con la contaminación de los desechos que se arrojan al mar, siendo el plástico el desecho más dañino.

Millones de toneladas de plástico se arrojan a los océanos, aumentando el pH. Esto supone una grave amenaza a la supervivencia de la vida marina, un daño irreversible en la cadena alimentaria marina y un peligro para nuestra propia seguridad alimentaria.

También se debe minimizar el impacto del turismo en zonas costeras, el cual, si no está adecuadamente controlado, puede dañar notablemente los ecosistemas marinos.

Iniciativas de Desarrollo Sostenible promovidas por Gaudí

Gaudí, el arquitecto de ojos azules que se reconocía tan unido al mediterráneo y a la luz del mediterráneo —y que solía decir que «el sol del mediterráneo es el gran pintor»— era, realmente, un enamorado del mar.

Por ello, la preocupación de Gaudí por el mar y los océanos, le lleva a cuidar de manera muy especial el reciclaje y la reutilización de residuos, un aspecto fundamental de la sostenibilidad. Aunque, en la época de Gaudí, no existía el grave problema del vertido de plásticos al mar, de hoy en día, si existía el vertido de residuos industriales y la industria de la construcción siempre ha sido de las más contaminantes del planeta.

La obra de Gaudí está llena de referencias a la cultura mediterránea y abarca, no solo la luz y la cultura mediterráneas, sino toda la naturaleza, el mar, las montañas, la vida vegetal y la vida animal.

La vida submarina forma parte de esa naturaleza que Gaudí tanto admiraba y en la que tanto se inspiraba para su trabajo. El mismo decía:

> Necesito ver el mar con frecuencia y muchos domingos voy a la escollera. El mar es la única cosa que me sintetiza las tres dimensiones del espacio. En la superficie se refleja el cielo y, a través de ella, veo el fondo y el movimiento[101].

Para Gaudí, el mar simbolizaba el color, la fluidez y el movimiento, y lo representaba a través de las curvas y los colores de sus edificios. Algunos de sus edificios están especialmente influenciados por el mar y las formas marinas.

---

[101] Puig Boada, I. (2015). *El pensamiento de Gaudí*. Barcelona: Dux.

Figura 52. Patio interior Casa Batlló (recreación de la profundidad del Mediterráneo)
Fuente: https://www.365sabadosviajando.com/europa/espana/
barcelona/visita-casa-batllo/

El patio interior de la Casa Batlló es un mosaico de diferentes tonos de azules, que recrea la profundidad del Mediterráneo con todos sus matices.

La cubierta de la Casa Batlló evoca un animal fantástico, que parece surgir de las profundidades del océano y los techos de algunas de sus estancias evocan el oleaje y los remolinos de la superficie del mar.

Figura 53. Cubierta Casa Batlló (evocación de animal fantástico de las profundidades marinas)

Fuente: https://www.facebook.com/casabatllo/photos/y-el-tejado-las-
tejas-parecen-las-escamas-de-un-where-the-ceramic-tiles-seem-s-
s/1905508649470447/?locale=es_LA

En la Casa Milá, las ondulaciones de la fachada de piedra son una metáfora del oleaje marino y las barandillas de los balcones simulan, prodigiosamente, un conjunto de algas en movimiento.

Figura 54. Fachada Casa Milá (metáfora del oleaje marino con algas en movimiento)
Fuente: https://www.metalocus.es/es/noticias/casa-mila-la-pedrera-
de-antoni-gaudi-uno-de-los-edificios-mas-emblematicos-de-
barcelona

También en la Casa Milá, algunos de sus techos —como los del patio interior— se asemejan a fondos marinos con extraordinarios colores y sinuosos movimientos.

*Figura 55. Techos Casa Milá (metáfora de fondos marinos
en movimiento)*
Fuente: https://www.lapedrera.com/es/visitas/la-pedrera-premium

En el Parque Güell, la gran plaza de arena y el banco ondulante
son como una gran playa rodeada de olas; además, desde ella, se
puede contemplar el azul intenso del mar mediterráneo al fondo.

Figura 56. Banco ondulante (con forma de olas)
Fuente: https://www.davewalshphoto.com/image/I0000I2A1q7aPaU4

15

Vida de ecosistemas terrestres

Objetivo de Desarrollo Sostenible de la ONU

Restablecer y conservar los ecosistemas terrestres, gestionar sosteniblemente los bosques, luchar contra la desertificación, detener e invertir la degradación de las tierras y detener la pérdida de biodiversidad es vital para el sostenimiento de la humanidad.

Es muy importante tomar conciencia de la relación del hombre con la naturaleza y de cómo respetarla, para nuestro uso y disfrute, y el de las futuras generaciones.

Una quinta parte de la tierra está degradada y las especies que viven en ella predestinadas a la extinción. La degradación intensifica el cambio climático y viceversa, entrando en un bucle devastador.

La eliminación de los bosques hace que no se puedan compensar las emisiones de carbono que genera la actividad humana y eso provoca que el ciclo natural del planeta entre en una grave crisis de supervivencia, fundamentalmente, por el cambio climático.

Tal como se explica en la página web de Naciones Unidas, según un reciente informe sobre biodiversidad: «cerca de un millón de especies animales y vegetales están en peligro de extinción, en muchos casos, en las próximas décadas, más que en cualquier otro momento en la historia de la humanidad».

Debemos ser respetuosos con la fauna y la vegetación de nuestros entornos naturales y, al mismo tiempo, los gobiernos deben mejorar la gestión de las áreas protegidas.

Iniciativas de Desarrollo Sostenible promovidas por Gaudí

De pequeño, Gaudí padecía de ataques de reuma que retrasaron su entrada en la escuela infantil y, en esos primeros años, su madre aprovechaba las horas que lo tenía a su lado para enseñarle a observar la naturaleza. Esa observación detallada de la naturaleza configuró la metodología de trabajo que iba a emplear durante toda su vida. «[El] amor y respeto por la naturaleza que su madre le había despertado durante la infancia, lo cultivó toda su vida»[102].

El propio Gaudí, siempre manifestó la influencia de la naturaleza en su trabajo como una fuente de inspiración fundamental:

> Con las macetas de flores, rodeado de viñas y olivos, animado por el cacarear de las aves, el piar de los pájaros y el zumbido de los insectos, y con las montañas de Prades al fondo, me percaté de las más puras y placenteras imágenes de la naturaleza, esa naturaleza que siempre es mi maestra[103].

Por tanto, para Gaudí era fundamental la contemplación del «gran libro de la naturaleza». Un libro formado por los innumerables ecosistemas terrestres —que el contemplaba cada día a su alrededor— actuando como en una inmensa sinfonía perfectamente afinada. Como él mismo decía:

---

[102] Cussó Anglés, J. (2010). *Disfrutar de la naturaleza con Gaudí y la Sagrada Familia*. LLeida: Milenio.

[103] Cussó Anglés, J. (2010). *Disfrutar de la naturaleza con Gaudí y la Sagrada Familia*. LLeida: Milenio.

El gran libro, siempre abierto y que conviene esforzarse en leer, es el de la naturaleza; los demás libros han salido de este y tienen además las interpretaciones y equívocos de los hombres[104].

La admiración de Gaudí hacia los ecosistemas terrestres se traducía en un deseo de imitación de la naturaleza —a nivel estético y a nivel científico— pero también, como es lógico, en un deseo de protección de la «vida de los ecosistemas terrestres»:

> Gaudí predicó una arquitectura adaptada a la naturaleza que nunca puede dañarla (...) tuvo la humilde grandeza de saber leer en las formas de los tres reinos de la naturaleza las más puras lecciones arquitectónicas[105].

Esa es la clave de la sostenibilidad y de la ecología, la protección de la naturaleza y de la vida de sus ecosistemas, al servicio de las personas:

> Su profundo amor y respeto por la naturaleza, su afán de servicio a la sociedad y un trabajo intenso metódico y disciplinado, le llevaron a ser un precursor fundamental de la ecología y la sostenibilidad en la arquitectura[106].

Como anécdota ilustrativa, en la Cripta de la Colonia Güell, Gaudí cambió la forma de una escalera para salvar un gran pino que se interponía en el trazado de la misma y, posteriormente, comentó: «Yo puedo hacer una escalera en tres semanas pero necesito veinte años para tener un pino como este»[107].

---

[104] Puig Boada, I. (2015). *El pensamiento de Gaudí*, Dux, Barcelona, p. 95.

[105] Bassegoda Nonell, J. (1989). *El gran Gaudí*, Ausa, Sabadell, p. 14.

[106] Salas Mirat, C. (2023). *Gaudí, un genio precursor de la sostenibilidad y biomimética arquitectónicas con un siglo de antelación.* Madrid: Mc GrawHill.

[107] Bassegoda Nonell, J. (1989). *El gran Gaudí*, Ausa, Sabadell, p. 370.

Figura 57. Pinos de la Cripta de la Colonia Güell
Fuente: https://catalunyaturisme.cat/es/esdeveniment/
visita-guiada-a-la-cripta-y-la-colonia-guell/2024-10-19/

16

Paz, justicia e instituciones sólidas

Objetivo de Desarrollo Sostenible de la ONU

Hace falta la paz en el mundo, promover sociedades pacíficas, facilitar el acceso a la justicia y crear instituciones más sólidas eficaces y responsables.

La paz es un objetivo muy difícil de cumplir, tal como se desprende de la historia de la humanidad, pero, no por ello deja de ser fundamental. Los altos niveles de violencia e inseguridad tienen consecuencias sumamente destructivas, para el desarrollo de un país y para el bienestar de las personas.

Tal como se explica en la página web de Naciones Unidas:

> Los altos niveles de violencia armada e inseguridad tienen consecuencias destructivas para el desarrollo de un país, mientras que la violencia sexual, los delitos, la explotación y la tortura son fenómenos generalizados donde existen conflictos o no hay estado de derecho.

Es necesario promover sociedades que respeten y defiendan los derechos individuales y la justicia social, el derecho a la intimidad, la libertad de expresión, el acceso a la información, etc.

Iniciativas de Desarrollo Sostenible promovidas por Gaudí

Hoy en día, tras los numerosos conflictos sociales —y, por desgracia, también bélicos— vividos a lo largo de la historia, durante los últimos siglos —y, también, en el momento actual— hemos comprobado, con absoluta certeza, que solo desde la paz y la justicia se pueden construir instituciones sólidas que garanticen el progreso y el bienestar de la sociedad.

Pero, no puede haber paz, ni justicia, si no se tienen en cuenta que «la degradación ambiental y la degradación humana y ética están íntimamente unidas»[108]. La ecología —y la sostenibilidad medioambiental, económica y social— son un problema ético y moral de gran calado que afecta a toda la humanidad y a todo el planeta.

En ese sentido, Antonio Gaudí, como precursor fundamental de la sostenibilidad y la ecología del siglo XXI, nos enseña que en el auténtico desarrollo sostenible y ecológico de la sociedad se funden, indisolublemente, un conjunto de valores éticos, estéticos y científicos para la mejora de la vida de las personas[109]:

- Valores éticos, en búsqueda del bien común.
- Valores estéticos, en búsqueda de la belleza artística.
- Valores científicos, en búsqueda de las verdades científicas.

Y todos esos valores —que Gaudí ejemplificó en su trabajo y nos legó a través de sus obras— son, sin duda, valores universales que promueven la justicia y la paz.

No en vano, una de las instituciones más sólidas en la promoción de la justicia y la paz, como es la UNESCO (Organización de Naciones Unidas para la Educación, la Ciencia y la Cultura), tiene inscritas siete

---

[108] Bergoglio, J. M. (2015). *Laudato Si'. Sobre el cuidado de la casa común*, Ediciones Palabra, Madrid.

[109] Salas Mirat, C. (2023). *Gaudí, un genio precursor de la sostenibilidad y biomimética arquitectónicas con un siglo de antelación*. Madrid: Mc GrawHill.

obras de Gaudí en la lista del Patrimonio Mundial de la UNESCO y, por tanto, declaradas Patrimonio de la Humanidad.

Figura 58. Logotipo de la UNESCO
Fuente: https://www.un.org/es/file/35079

Alianzas para lograr los objetivos

Objetivo de Desarrollo Sostenible de la ONU

Todos los objetivos anteriores se incluyen en este objetivo final, que pretende aunar fuerzas entre las naciones o, lo que es lo mismo, revitalizar la alianza mundial para el desarrollo sostenible. En la página web de Naciones Unidas se afirma que: «La Agenda 2030 es universal y exige la implicación de todos los países, tanto de los países desarrollados, como de los países en vías de desarrollo. También, requiere la colaboración entre los gobiernos, el sector privado y la sociedad civil».

Para conseguir los Objetivos de Desarrollo Sostenible es necesario que existan acuerdos de cooperación entre las distintas naciones y que se fortalezcan las asociaciones existentes, para garantizar que toda la población mundial avance hacia ese desarrollo.

Los países pobres no tienen medios para saldar las enormes deudas que les impiden su desarrollo, por ello, los países **más ricos tienen que encontrar las fórmulas de** ayuda eficaz. Es necesaria la cooperación internacional y también la cooperación a nivel nacional y a nivel regional.

A nivel personal, también existen numerosas ONGD, y asociaciones, que trabajan para conseguir hacer realidad todos estos objetivos de desarrollo y, en todas ellas, se puede colaborar con aportaciones económicas o con el propio tiempo que es lo más valioso.

Iniciativas de Desarrollo Sostenible promovidas por Gaudí

Hoy en día, el legado de Gaudí ha promovido que ya sean muchas las entidades que promueven alianzas para lograr objetivos comunes de difusión de los valores de la figura de Gaudí y de sus obras.

La influencia de Gaudí ha rebasado nuestras fronteras y, hoy en día, gran cantidad de arquitectos, ingenieros, historiadores, investigadores..., de todo el mundo, han acudido a Barcelona, Reus, León, Cantabria o Palma de Mallorca, a estudiar el legado de Gaudí.

Como consecuencia de ello, son numerosas las entidades, públicas y privadas, que se dedican a la divulgación y difusión de los valores de Gaudí y de su obra:

- El Centro Gaudí Madrid —fundado en 2011, por Juan Navarro Vázquez— y la Fundación ADIPROPE —presidida por Ignacio Buqueras y Bach— organizan periódicamente conferencias y múltiples eventos, como las Jornadas Nacionales Gaudí en Madrid, cursos de verano, conferencias, viajes, etc. (ver el apéndice al final del libro), para dar a conocer la genialidad y universalidad de la figura de Antonio Gaudí.

Figura 58. Logotipo del CENTRO GAUDÍ MADRID .
Fuente: https://centrogaudimadrid.com/

- La Asociación Probeatificación de Antoni Gaudí —presidida por José Manuel Almuzara Pérez, desde el año 1992— da a conocer la ejemplaridad de la vida y la obra de Antonio Gaudí, por todo el mundo, mediante exposiciones, conferencias y múltiple material impreso.
- El TGRI (The Gaudí Research Institute), de la Cátedra Antoni Gaudí de la Universidad de Barcelona —fundado por Manuel Medarde Sagrera y Pere Jordi Figuerola Rotger— tiene el objeto de liderar proyectos de I+D, en colaboración con investigadores y científicos de universidades y empresas de todo el mundo. El TGRI ha puesto en marcha, en los últimos años, los Gaudí World Congress, que han reunido a investigadores de todo el mundo en Barcelona, Shanghái, Chengdu y Valparaíso. Además, también ha organizado jornadas y exposiciones sobre Gaudí en Barcelona, Madrid, Zaragoza, Pusan, Shanghai, Hong Kong, Nanjing, Chengdu y Valparaíso.
- La Cátedra Gaudí de la Universidad Politécnica de Cataluña trabaja en la investigación y difusión de la obra de Gaudí, en el ámbito académico y científico, y en la salvaguarda del patrimonio arquitectónico de Gaudí.
- El profesor e investigador César García Álvarez —de la Universidad de León—, FUNDOS (Fundación Obra Social de Castilla y León) y el Museo Casa Botines —con investigadores como Carlos Varela Fernández— trabajan, incansablemente, en la difusión y divulgación del valioso legado de la vida y la obra de Antonio Gaudí.

Y otras muchas entidades como: Fundación Antonio Gaudí, Fundación Sagrada Familia, Consell Gaudí, Centre Reus, etc.

El 25 de marzo de 2025, se ha presentado en el Senado de España —como Cámara Alta de las Cortes Generales— una moción en la que se propone que, con motivo de la conmemoración del centenario del fallecimiento de Antonio Gaudí:

Se promueva desde el Ministerio de Cultura la consideración de evento de especial interés, así como distintas actividades, como la elaboración de una guía de actos, en colaboración con la administración local y autonómica, para el reconocimiento en toda España de la inmensa obra de uno de nuestros artistas más universales y el desarrollo en colaboración con el Instituto Cervantes y Acción Cultural Española el impulso de la promoción de la obra y figura de Gaudí en el ámbito internacional.

La encíclica «Rerum Novarum» como antecedente de los objetivos de Desarrollo Sostenible

Gaudí trabajó en proyectos en los que estuvo en relación con la jerarquía eclesiástica de su época. Así, en la construcción del Palacio Episcopal de Astorga, el Convento de las Teresianas, la reforma de la Catedral de Mallorca y, por su puesto, la Sagrada Familia, estuvo en contacto con el obispo de Vic Josep Torras i Bages (1846-1916), el obispo de Astorga Joan Grau Vallespinós (1832-1893), nacido en Reus, como Gaudí, el obispo de Palma de Mallorca Pere Campins (1859-1915) y los distintos obispos de Barcelona durante los años de construcción de la Sagrada Familia. En ese contexto histórico de preocupación por la situación de los obreros en plena Revolución Industrial, destaca la publicación de la encíclica Rerum Novarum (1891) del Papa León XIII que podemos considerar como un claro antecedente de los 17 Objetivos de Desarrollo Sostenible proclamados por la ONU ciento veinticuatro años más tarde. Exponemos a continuación cómo los principios sociales y éticos planteados en el documento eclesiástico pueden considerarse antecedentes o fundamentos morales para muchos de los objetivos globales actuales. No hay duda de que Gaudí también tuvo en consideración esta preocupación social y esta encíclica en su vida y en su obra.

La encíclica Rerum Novarum, promulgada por el Papa León XIII en 1891, es ampliamente reconocida como el documento fundacional de la Doctrina Social de la Iglesia Católica. En ella se abordan cuestiones sociales y económicas cruciales para la época, como la situación de los obreros en el marco del capitalismo industrial, el papel del Estado, la propiedad privada y la justicia social. Aunque redactada en el siglo XIX, los principios fundamentales de la Rerum Novarum guardan una notable sintonía con los 17 Objetivos de Desarrollo Sostenible (ODS) establecidos por la Organización de las Naciones Unidas en 2015, los cuales tienen como finalidad erradicar la pobreza, proteger el planeta y asegurar la prosperidad para todos.

1. Dignidad del trabajo y justicia social

Uno de los temas centrales de la Rerum Novarum es la dignidad del trabajo humano y la necesidad de garantizar condiciones laborales justas. El Papa León XIII denuncia los abusos del capitalismo desenfrenado, reivindica el derecho de los trabajadores a un salario justo, al descanso y a la asociación, como los sindicatos.

Esto se conecta directamente con el ODS 8: Trabajo decente y crecimiento económico, que promueve el trabajo productivo, la inclusión social y la igualdad de oportunidades. También se relaciona con el ODS 10: Reducción de las desigualdades, al destacar la necesidad de estructuras económicas más justas que beneficien a todos los sectores de la sociedad.

2. Erradicación de la pobreza y el derecho a la propiedad

La encíclica defiende el derecho natural a la propiedad privada, pero también subraya que esta debe ejercerse en función del bien común. León XIII señala que la pobreza estructural es una injusticia que debe ser combatida y que el Estado debe intervenir para proteger a los más vulnerables.

Esto encuentra eco en el ODS 1: Fin de la pobreza, al igual que en el ODS 11: Ciudades y comunidades sostenibles, que busca garantizar el acceso equitativo a los recursos, la vivienda y los servicios básicos. El equilibrio entre propiedad privada y función social también anticipa aspectos clave del ODS 16: Paz, justicia e instituciones sólidas.

3. Educación, formación y desarrollo integral

León XIII reconoce que el desarrollo humano integral requiere educación y formación moral. Aunque no se expresa en los términos actuales, la encíclica reconoce el valor de cultivar las virtudes y el conocimiento como medios para elevar la dignidad humana.

Esto está estrechamente vinculado con el ODS 4: Educación de calidad, que busca garantizar una educación inclusiva, equitativa y de calidad para todos. La formación ética y profesional, ya destacada por la Iglesia en 1891, sigue siendo un pilar para el desarrollo sostenible actual.

4. Protección de los más vulnerables

La Rerum Novarum hace un llamado claro a proteger a los pobres, a los trabajadores, a las mujeres y a los niños. Esta opción preferencial por los más débiles está en consonancia con múltiples ODS, especialmente:

- ODS 3: Salud y bienestar
- ODS 5: Igualdad de género
- ODS 2: Hambre cero

Todos estos objetivos buscan garantizar condiciones de vida dignas, acceso a la alimentación, la salud y la equidad de género, en línea con la preocupación moral de León XIII por los derechos básicos de todas las personas.

5. Papel del Estado y de la sociedad civil

La encíclica subraya que el Estado debe intervenir cuando los derechos de los ciudadanos son vulnerados, y debe actuar como garante de la justicia social. A la vez, promueve el papel activo de las asociaciones intermedias, como sindicatos, cooperativas y organizaciones civiles.

Esto se vincula claramente con el ODS 16, que promueve instituciones eficaces, responsables e inclusivas, y con el ODS 17: Alianzas para lograr los objetivos, al señalar la importancia de la cooperación entre diferentes actores sociales y políticos para lograr el bien común.

6. Sostenibilidad y visión del bien común

Aunque la Rerum Novarum no habla explícitamente del medio ambiente, su visión integral del ser humano y del uso responsable de los recursos se conecta con la lógica del bien común y del uso justo de los bienes de la tierra.

En este sentido, se puede trazar una conexión con los objetivos ambientales como:

- ODS 6: Agua limpia y saneamiento
- ODS 7: Energía asequible y no contaminante
- ODS 13: Acción por el clima
- ODS 14 y 15: Vida submarina y ecosistemas terrestres

Estos ODS reflejan una dimensión del desarrollo sostenible que, aunque no formulada directamente en 1891, se alinea con la ética del cuidado y la corresponsabilidad que la Iglesia ha desarrollado en encíclicas posteriores como Laudato si'.

7. El principio de subsidiariedad y participación

La Rerum Novarum también introduce el principio de subsidiariedad, es decir, que las decisiones deben tomarse en el nivel más cercano posible al ciudadano, y que el Estado no debe absorber funciones que pueden realizar adecuadamente comunidades menores o individuos.

Este principio tiene paralelismos con el enfoque participativo de la Agenda 2030, especialmente en el ODS 16 y el ODS 17, que promueven la gobernanza inclusiva y la cooperación multinivel como clave para el desarrollo.

Aunque escrita en un contexto muy distinto, la Rerum Novarum comparte con los Objetivos de Desarrollo Sostenible una visión centrada en la dignidad humana, la justicia, la equidad y la responsabilidad compartida por el bienestar común. La encíclica, al proponer una crítica a los excesos del capitalismo y una alternativa basada en la solidaridad, la justicia distributiva y la cooperación social, se erige como una base moral y filosófica que complementa el marco político y técnico de los ODS.

La convergencia entre ambos documentos revela que el desarrollo auténtico no puede limitarse al crecimiento económico o a soluciones técnicas, sino que requiere una profunda transformación de las estructuras sociales, guiada por valores éticos, espirituales y humanos. Así, Rerum Novarum no solo anticipa muchas de las preocupaciones actuales, sino que ofrece un fundamento ético sólido para la implementación de los ODS en el presente siglo.

Centro Gaudí Madrid

El Centro Gaudí de Madrid, al que pertenecen los autores de este libro, surge en el año 2009 cuando un grupo de padres tiene la intención de crear un nuevo centro educativo en la localidad donde residen. De una forma providencial se acercan a la figura del gran arquitecto con la lectura del libro Gaudí, arquitecto de Dios 1852-1926 (Ed. Palabra) y contactan con José Manuel Almuzara, presidente de la Asociación Probeatificación de Antoni Gaudí. En julio de 2011 constituyen la asociación, siendo su primer presidente D. Juan Navarro, cuyos fines recogidos en sus Estatutos son los siguientes:

- Promoción, divulgación, difusión de la vida y obra de D. Antonio Gaudí i Cornet.
- Protección y defensa del legado de su obra.
- Contribución a la Causa de beatificación del arquitecto.
- Fomento y desarrollo de la Construcción del Centro Cultural Expiatorio de la Sagrada Familia en Madrid.
- Fomento para su conocimiento del Arte y la Arquitectura Litúrgica.

Por tanto, CENTRO GAUDÍ MADRID se crea para dar visibilidad a uno de los arquitectos más admirados a nivel universal, con 7 edificios declarados por la UNESCO como Patrimonio Mundial, con obras principalmente en Cataluña, pero también en el norte de España y proyectos fuera de nuestras fronteras. CENTRO GAUDÍ MADRID reconoce la dimensión cultural de la arquitectura como prestación intelectual, artística y profesional, al servicio de la ciudadanía, siendo el arquitecto Antonio Gaudí uno de sus máximos exponentes.

Queremos que la difusión, el fomento y la investigación de la arquitectura de Gaudí ayude a las nuevas generaciones de arquitectos a mejorar la calidad de vida de las personas. Así hizo en su momento el genial arquitecto con sus ciudadanos contemporáneos. Alguno de sus edificios de viviendas construidos en Barcelona como la Casa Calvet fue reconocido como mejor edificio del año 1899, premio concedido por el Ayuntamiento de la ciudad, por sus buenas condiciones higiénicas (iluminación y ventilación).

Para la consecución de sus fines, la asociación viene desarrollando en estos años las siguientes actividades: celebración de seminarios, ciclos de conferencias, mesas redondas, congresos, proyectos audiovisuales o proyecciones, exposiciones, talleres, proyectos de investigación, publicaciones y edición de libros, cuyos autores son socios de CENTRO GAUDÍ MADRID, dando a conocer nuevos aspectos de la obra de Gaudí. Nuestra actividad se desarrolla dentro y fuera de España (aunque principalmente en Madrid o desde Madrid), cubriendo así el vacío que tiene Gaudí fuera de Cataluña, donde es sobradamente difundido. También organizamos viajes culturales para visitar sus edificios emblemáticos. Destacamos:

- Jornadas Nacionales Gaudí en Madrid
- Cursos, ciclos de conferencias
- Publicaciones
- Viajes culturales
- Jornadas Nacionales Gaudí en Madrid

Jornadas que celebramos cada mes de octubre, siendo un evento de dos días con ponencias en sedes de entidades culturales de prestigio, que atrae a fieles seguidores y eruditos de la obra guadiana. Se enmarcan en la Semana de la Arquitectura que anualmente organiza el Colegio Oficial de Arquitectos de Madrid en colaboración con el Ayuntamiento, Comunidad de Madrid y diversas entidades.

I Jornadas Nacionales Gaudí en Madrid octubre 2022

Con conferencias en la Real Academia de Bellas Artes de San Fernando, la Real Academia de Jurisprudencia y el Círculo Catalán en Madrid; presentación de la reedición del libro Gaudí en Madrid 1852-2002, 150 aniversario de su nacimiento. Ciclo de 6 Mesas Redondas sobre la figura del genial arquitecto.

II Jornadas Nacionales Gaudí en Madrid octubre 2023

Con conferencias en la Real Academia de Bellas Artes de San Fernando y Salones de la Real Iglesia Parroquial de San Ginés; presentación en el Círculo Catalán de Madrid del libro Gaudí, un genio precursor de la sostenibilidad y biomimética arquitectónicas con un siglo de antelación de D. Carlos Salas; y cierre de las jornadas con el Concierto de Órgano en dicha Iglesia de la compositora Yoko Suzuki, organista titular de la Cripta de la Sagrada Familia, con programa de obras inspiradas y compuestas por ella como La Sagrada Familia Fuente de Luz y Esperanza, contando con la asistencia al mismo del embajador de Japón en Madrid.

III Jornadas Nacionales Gaudí en Madrid octubre 2024

En colaboración con la Universidad Francisco de Vitoria, el Colegio Oficial de Arquitectos de Madrid, la Fundación ADIPROPE y el Círculo Catalán de Madrid dentro de la XXI Semana de la Arquitectura, con ponentes de la talla de los siguientes: los arquitectos Felipe Samarán, Pablo Campos Calvo-Sotelo y Josep Mª Adell; los historiadores José Mª Fernández Chimeno, Jairo Álvarez y Mª Eugenia García Bermejo; o el escritor Julià Bretos, entre otros. Iniciadas con el Taller de construcción de arcos catenarios y el cierre de las jornadas con la proyección de la película Living with Gaudí de Pablo Burgos-Bach.

IV Jornadas Nacionales Gaudí en Madrid octubre 2025

En colaboración con la Universidad Francisco de Vitoria, el Colegio Oficial de Arquitectos de Madrid, la Real Iglesia Parroquial de San Ginés y el Círculo Catalán de Madrid, dentro de la XXII Semana de la

Arquitectura, se han celebrado estas jornadas con gran éxito y participación. Ponentes de la talla: los arquitectos Felipe Samarán y Carlos Salas, los historiadores Pablo López Raso, Josep Bracons, Carlos Varela y Mª Eugenia García Bermejo y las paisajistas María Mercé Compte y Fátima López, nos han hecho descubrir aspectos nuevos del legado de Gaudí. Se hizo entrega del II PREMIO A LA INVESTIGACIÓN Y DIFUSIÓN ANTONIO GAUDÍ a FUNDOS, reconociendo la importante labor cultural que realiza en Castilla y León, principalmente en el MUSEO CASA BOTINES. Cerraron las jornadas la proyección de los cortometrajes recibidos en el I CERTAMEN JOVEN DE CREACIÓN AUDIOVISUAL ANTONIO GAUDÍ, cuyo primer premio ha quedado desierto y el segundo otorgado a Alma García Gallego.

Cursos, ciclos de conferencias

Plenamente comprometidos a promover y ampliar el conocimiento de la obra de Gaudí, profundizando en aspectos poco conocidos o descubriendo nuevos, como pueda ser en materia de sostenibilidad, ofrecemos ciclos de conferencias que dan a conocer la vida y obra de este arquitecto español universal.

Curso de Verano de la Universidad Complutense de Madrid en San Lorenzo de El Escorial «Sorolla y Gaudí: genios de la luz», en julio 2023.

Ciclo de 3 Conferencias sobre Gaudí en el Ateneo Escurialense (San Lorenzo de El Escorial), de octubre 2023 a enero 2024.

Ciclo de 3 Conferencias La Belleza es el Esplendor de la Verdad en el Colegio Mayor Somosierra de octubre a diciembre de 2024.

Dentro del programa del Curso 2024/25 del Voluntariado Cultural «SPIRITUS ARTIS» de la Real Parroquia de San Ginés, conferencia del arquitecto Enrique Solana, presidente de honor de CENTRO GAUDÍ MADRID, Gaudí, un edificio, una vida: La Sagrada Familia.

Numerosas conferencias impartidas por socios de la asociación en universidades, centros culturales y parroquias por toda la geografía española.

Publicaciones

Algunos de nuestros socios han sido autores de libros que se han editado en los últimos años, dando a conocer aspectos nuevos de la arquitectura de Gaudí. Se ofrecen al público que asiste a nuestros eventos culturales. Se trata de:

• José Manuel Almuzara

Arquitecto, gaudinólogo, presidente de la Asociación Civil Pro Beatificación Antoni Gaudí desde 1992 hasta 2024. Ha dedicado gran parte de su vida a difundir la obra y la vida de Gaudí. Ha impartido charlas y conferencias por todo el mundo llegando a tierras muy lejanas en distintos continentes. Es socio de honor de CENTRO GAUDÍ MADRID, autor de:

De la Piedra al Maestro (Ed 2021 Palabra ISBN 9788498404951)

• Enrique Solana de Quesada

Arquitecto. Ha trabajado durante 26 años para la Sociedad Estatal Correos y Telégrafos y los últimos 8 años en el Ministerio de Defensa como Arquitecto Urbanista, es presidente de honor de CENTRO GAUDÍ MADRID y autor de:

Cuerpo y Alma del Templo de La Sagrada Familia (Ed. 2022 ISBN 9788499468518)

La complejidad Escondida en la Sencillez de la Naturaleza (Ed 2024 ISBN 9788412702972)

• Carlos Salas Mirat

Doctor Arquitecto, ingeniero de edificación y Máster en construcción y tecnología arquitectónicas por la UPM y en Educación por la UCM. Es vocal de la actual junta directiva de CENTRO GAUDÍ MADRID, autor de:

Gaudí, un genio precursor de la sostenibilidad y biomimética arquitectónicas con un siglo de antelación (Ed 2023 MCGRAW-HILL ISBN 9788419544834)

- Jairo Álvarez Fernández

Leonés de origen, con años de formación en Astorga. Es teólogo e historiador y profesor de Secundaria y Bachillerato en Colegio de Madrid y de la Historia de la Iglesia y Patrología en la Universidad San Dámaso. Socio de CENTRO GAUDÍ MADRID, es autor del extenso libro:

«Palacio Gaudí Astorga» (Ed 2023 ISBN 9788409544585), donde analiza la historia de la Obispalía astorgana, desde sus orígenes hasta la actualidad.

- José María Fernández Chimeno

Gran experto en Gaudí realizó la tesis doctoral:

La herencia del «lenguaje gaudinista» (Gaudí y la arquitectura contemporánea española) (Ed CSED ISBN 9788494153822)

Como articulista, ha publicado más de 40 artículos preferentemente en La Nueva Crónica de León, pero también en El Faro de Astorga que en breve se recogerán en un libro titulado *Las mil caras de Gaudí*. Socio de CENTRO GAUDÍ MADRID, como investigador ha creado una nueva ruta cultural que se recoge en el libro:

GAUDÍ, Ruta por el noroeste de España. (Astorga – León – Gijón – Comillas) (Ed Eolas ISBN 9788416613786)

Como novelista ha publicado una novela histórica sobre Gaudí y otra en forma de thriller o novela policial, tituladas:

GAUDÍ, la forja de un genio (Astorga versus León) (Ed CSED ISBN 9788494313526)

GAUDÍ, las siete notas del Palíndromo (Ed. Duerna ISBN 9788412020045)

También destacamos la edición del libro que recoge las conferencias que en las II JORNADAS NACIONALES se impartieron en octubre de 2023:

II Jornadas Nacionales Gaudí en Madrid (Ed 2024 Alymar ISBN 9788412607291)

Este libro ha sido presentado durante los meses de julio y septiembre de 2024 en diversas entidades culturales de Madrid y Barcelona como el Círculo Catalán, la Real Academia Europea de Doctores y la Real Academia de Bellas Artes de San Fernando por el anterior presidente de CENTRO GAUDÍ MADRID D. Ignacio Buqueras, junto con otros miembros de nuestra asociación y colaboradores expertos en la obra gaudiniana.

Viajes culturales

Por último, reseñamos los encuentros o viajes culturales efectuados en el último año:

Encuentro CORPUS CHRISTI en Barcelona en junio 2024 con motivo del Centenario de la presencia de Gaudí en la Procesión del Corpus Christi en la ciudad condal. CENTRO GAUDÍ MADRID ha organizado este encuentro en el que un grupo de 20 personas, la mayoría mujeres venidas de Argentina, han disfrutado de esta iniciativa, acompañadas y dirigidas por nuestro socio de honor residente en Barcelona José Manuel Almuzara.

Viaje anual CENTRO GAUDÍ MADRID JUNIO 2024 en la fecha cercana al aniversario de su muerte (10 de junio) para conocer algunas de sus obras en Barcelona, con la participación de 15 personas dirigidas por nuestro tesorero y arquitecto Javier Franco, venidas la mayoría de Madrid, visitando el Oratorio de San Felipe Neri, Casa Milá, Casa Batlló, Palacio Güell, Casa Vicens, Santa Mª del Mar y asistiendo a la misa internacional de la Sagrada Familia.

Viaje del COLEGIO MAYOR SOMOSIERRA a Barcelona diciembre 2024, como broche de oro al término del ciclo de conferencias en él organizado, para conocer obras de Gaudí en la ciudad condal, destacando la visita a la Sagrada Familia.

Viaje JUNIO 2025 para visitar las obras que Gaudí realizó en el Norte de España. Un grupo de 14 personas, dirigidas por nuestro tesorero Javier Franco, acompañadas por nuestra presidenta Nieves Gómez y, en las etapas de León y Astorga, por nuestro vicepresidente José Mª Fernández Chimeno, hemos visitado: Casa Botines, Catedral de León, Santuario Virgen del Camino, Palacio Episcopal de Astorga, Castrillo de Polvazares, Basílica Sagrado Corazón Gijón, el Capricho de Gaudí y la villa de Comillas.

Viaje NOV 2025 del Centenario de la Torre de San Bernabé de la Sagrada Familia, la única que vio terminada Gaudí, de un grupo de 10 personas recorriendo el sábado el casco antiguo de la ciudad, visitando Casa Milá, Casa Batlló, Casa Calvet, Santa Mª del Mar y Palacio Güell; y el domingo participando en la Sagrada Familia de la Misa Internacional del I Domingo de Adviento e invitados al Acto del Homenaje por la tarde, recibidos por el presidente de la Fundación. A medio día una interesante visita guiada a la poco conocida Torre Bellesguard.

La Asociación ha tenido un recorrido acorde con los tiempos vividos (momentos de mayor auge y momentos afectados por una pandemia). Pero gracias al impulso del que ha sido presidente en los últimos años, Ignacio Buqueras y Bach (académico y presidente también de la Fundación para la Difusión y Promoción del Patrimonio Mundial de España - ADIPROPE) y del vicepresidente Federico Fernández de Buján (catedrático de Derecho Romano de la UNED y académico de la Real Academia de Doctores de España), nuestro CENTRO GAUDÍ MADRID ha retomado el vuelo.

Ahora, con la nueva Junta Directiva nombrada en diciembre de 2023 y presidida por Nieves Gómez Álvarez (doctora en Filosofía, profesora Universidad Villanueva y presidenta también del Ateneo Escurialense), se inicia una etapa en la que se quiere potenciar la asociación con el desarrollo de nuevas actividades y adhesión de nuevos socios. Estamos en la antesala del año 2026, declarado AÑO GAUDÍ por ser el Centenario de la muerte del insigne arquitecto, en el que participaremos en los numerosos eventos que tendrán lugar ese año.

En los últimos meses CENTRO GAUDÍ MADRID ha firmado acuerdos marcos de colaboración con otras entidades que pretenden abrir puentes con la obra de Gaudí, tanto en Cataluña como en el norte de la Península y establecer acciones concretas con todas ellas.

Así tenemos el acuerdo firmado en la celebración de las III Jornadas de octubre 2024 con la Fundación para la defensa del Patrimonio ADIPROPE (desde este momento entre otros beneficios, nuestros socios tienen un 50 % de descuento, si quisieran hacerse miembros de dicha Fundación, de igual manera si ocurriese a la inversa). También en dichas Jornadas, se firmó un convenio con el prestigioso Centro de Investigación de la Colonia Güell The Gaudi Research Institute (TGRI). Este acuerdo nos permite investigar y acceder a archivos de máximo interés, con lo que podremos ayudar a difundir e investigar nuevos documentos sobre Antonio Gaudí. En noviembre 2024 se ha firmado un acuerdo con la Fundación Obra Social de Castilla y León (FUNDOS). Dicha fundación se centra en ámbitos como la cultura y custodia el patrimonio del Museo Casa Botines de León. Por último, en febrero 2025 se ha firmado otro acuerdo con la asociación NARTEX para la difusión de los valores cristianos en la Arquitectura y el Arte en general.

Las actividades de nuestra asociación se sostienen gracias a las aportaciones de las cuotas anuales de sus socios, a los ingresos por la venta de los libros que editamos y también gracias a las donaciones de particulares amigos del CENTRO GAUDÍ MADRID y de entidades varias.

Desde nuestra página web www.centrogaudimadrid.com hacemos difusión de la increíble figura de Gaudí e invitamos a participar en los eventos culturales que realizamos para profundizar en su legado (se disfruta de las conferencias de nuestros socios especialistas y otros colaboradores). También informamos de los viajes culturales y visitas guiadas para conocer su arquitectura, todo ello diseñado para entusiastas de la belleza.

Sobre los autores

Carlos Salas Mirat

Doctor en Arquitectura, Ingeniero de Edificación y Máster en Construcción y Tecnología Arquitectónicas por la Universidad Politécnica de Madrid; asimismo, es máster en Educación por la Universidad Complutense de Madrid.

Ha participado en labores docentes y divulgativas en diversas universidades, como la Universidad Politécnica de Madrid, la Universidad Rey Juan Carlos, la Universidad de León, la Universidad Villanueva, la Università degli Studi di Padova (Italia) y la Università degli Studi di Salerno (Italia).

Cuenta con múltiples publicaciones de investigación científica y ponencias en congresos internacionales, y ha impartido conferencias en distintas instituciones. Es profesor de Arquitectura en la Universidad Rey Juan Carlos y miembro de la Junta Directiva del Centro Gaudí de Madrid. Durante veinticinco años trabajó en el Área de Proyectos y Obras de la Comunidad de Madrid.

Javier Franco Alegre

Arquitecto por la ETS de Arquitectura de la Universidad Politécnica de Madrid (1986) y colegiado en el COAM ese mismo año. Recién titulado, participó en el estudio de la obra de **Fernando Arbós y Tremanti**, destacado arquitecto madrileño de la primera mitad del siglo XX, trabajo que obtuvo el Premio COAM 1988 a la mejor publicación.

Cuenta con más de treinta y cinco años de experiencia en empresas de promoción inmobiliaria e ingenierías, donde ha gestionado proyectos de edificación singular, promociones de centros comerciales, coordinación de obras y auditorías inmobiliarias, dirigiendo equipos multidisciplinares. En la actualidad, forma parte de **Estudio Real**, empresa dedicada a reformas integrales de viviendas e inmobiliaria.

Desde 2022 es miembro del **Centro Gaudí Madrid**, donde participa activamente en la organización de las Jornadas Nacionales Gaudí, celebradas anualmente en Madrid, así como en la creación y gestión de su página web.